Fracasso

FUNDAÇÃO EDITORA DA UNESP

Presidente do Conselho Curador
Mário Sérgio Vasconcelos

Diretor-Presidente / Publisher
Jézio Hernani Bomfim Gutierre

Superintendente Administrativo e Financeiro
William de Souza Agostinho

Conselho Editorial Acadêmico
Divino José da Silva
Luís Antônio Francisco de Souza
Marcelo dos Santos Pereira
Patricia Porchat Pereira da Silva Knudsen
Paulo Celso Moura
Ricardo D'Elia Matheus
Sandra Aparecida Ferreira
Tatiana Noronha de Souza
Trajano Sardenberg
Valéria dos Santos Guimarães

Editores-Adjuntos
Anderson Nobara
Leandro Rodrigues

STUART FIRESTEIN

Fracasso
Por que a ciência é tão bem-sucedida

Tradução
Luiz Antonio Oliveira de Araújo

editora
unesp

Título original: *Failure: Why Science Is So Successful*

© 2016 Stuart Firestein

"*Failure: Why Science Is So Successful* foi originalmente publicado em inglês em 2016. Esta tradução é publicada mediante acordo com a Oxford University Press. A Editora Unesp é a única responsável por esta tradução a partir da obra original e a Oxford University Press não terá nenhuma responsabilidade por quaisquer erros, omissões, imprecisões ou ambiguidades nesta tradução, nem por quaisquer perdas causadas pela confiança nela depositada."

© 2023 Editora Unesp

Direitos de publicação reservados à:
Fundação Editora da Unesp (FEU)
Praça da Sé, 108
01001-900 – São Paulo – SP
Tel.: (0xx11) 3242-7171
Fax: (0xx11) 3242-7172
www.editoraunesp.com.br
www.livrariaunesp.com.br
atendimento.editora@unesp.br

Dados Internacionais de Catalogação na Publicação (CIP) de acordo com ISBD
Elaborado por Odilio Hilario Moreira Junior – CRB-8/9949

F523f   Firestein, Stuart

              Fracasso: por que a ciência é tão bem-sucedida / Stuart Firestein; traduzido por Luiz Antonio Oliveira de Araújo. – São Paulo: Editora Unesp, 2023.

              Tradução de: *Failure: Why Science Is So Successful*
              Inclui bibliografia.
              ISBN: 978-65-5711-196-3

              1. Pesquisa científica. 2. Processo de pesquisa. I. Araújo, Luiz Antonio. II. Título.

                                                        CDD 001.42
2023-1397   CDU 001.51

Editora afiliada:

Asociación de Editoriales Universitarias de América Latina y el Caribe   Associação Brasileira de Editoras Universitárias

Sumário

Agradecimentos   7
Introdução   11

1 – Fracassando ao definir o fracasso   15
2 – Fracasse melhor: conselho de Samuel Beckett   29
3 – A base científica do fracasso   39
4 – O sucesso irracional do fracasso   47
5 – A integridade do fracasso   57
6 – O fracasso no ensino   63
7 – O Arco do Fracasso   81
8 – O Método Científico do fracasso   97
9 – O fracasso na clínica   109
10 – Resultados negativos: como amar os seus
    dados se eles estiverem errados   117
11 – O filósofo do fracasso   133
12 – O financiamento do fracasso   141
13 – O fracasso da indústria farmacêutica   163
14 – Uma pluralidade de fracassos   171
15 – Coda   195

Notas e obras consultadas   199
Índice remissivo   221

AGRADECIMENTOS

Tantas pessoas merecem a minha gratidão pelas suas muitas contribuições que meu temor é não incluir todas. Entre as pessoas mais importantes, porém, encontra-se Alex Chesler. Desde o início, ele esteve envolvido como professor assistente do meu primeiro curso de Ignorância, ao mesmo tempo que fazia pós-graduação no meu laboratório, e prosseguiu com anos e anos de conversa sobre fracasso e ignorância e o papel que têm na ciência. Alex podia facilmente ter sido coautor deste livro, e foi justamente isso que discutimos diversas vezes. Entretanto, os rigores e as responsabilidades de iniciar um laboratório novo (nos NIH)* e uma família nova (dois filhos com a esposa Claire, que também era pós-graduanda no meu laboratório) tornaram isso impossível.

Coube-me a sorte incrível de ter a oportunidade de passar um ano sabático (dez meses ao todo) como professor visitante no Departamento de História e Filosofia da Ciência na Universidade de Cambridge. Este livro teria ficado pronto um ano antes se não fosse aquele ano sabático. E teria sido muito pior para ele. Os colegas com quem lá interagi, as palestras a que assisti, as longas conversas tomando cerveja nos bares (sim, é assim mesmo) acrescentaram tanto a este

---

* National Institutes of Health, agência de pesquisa médica do Reino Unido. [N. T.]

8   STUART FIRESTEIN

livro que não posso imaginar como cheguei a pensar que podia tê-lo escrito antes de ir para lá. Um ano sabático não transforma ninguém em filósofo ou historiador, mas desenvolve uma apreciação dessas atividades e um senso do valor que elas trazem para a compreensão da ciência, de como nós a fazemos e até de por que a fazemos.

Embora todo o departamento me tenha recebido da maneira mais cordial possível, tenho de dar destaque a Hasok Chang, que parece ter herdado a tarefa nada invejável de ser o meu contato no departamento. Generoso está longe de ser suficiente para descrever o modo como ele me acolheu. Não só com o seu tempo, mas principalmente com as suas ideias e perspectivas, perguntas e críticas. Você verá que eu o menciono várias vezes neste livro. Hoje ele é um dos pensadores, escritores e realizadores mais importantes da ciência – com isso, refiro-me a todo o esforço, do ensino à experimentação, à contextualização, à crônica e à documentação. Acho emocionante o fato de ele e Gretchen, a sua brilhante e igualmente generosa esposa, continuarem me considerando um amigo e um colega.

Muitos outros em Cambridge me ouviram falar no fracasso e responderam com ideias ponderadas e desafiadoras. Muitos leram partes deste livro, aqui e acolá, e fizeram comentários livremente. Comentários que lhes roubei sem piedade. Só posso esperar que eles vejam isso como a homenagem que é. E também me alegra poder dizer que fui recebido como membro honorário do Kings College. Lá compartilhei as refeições, o vinho e a conversa com aqueles que aperfeiçoaram a arte epicurista de misturar sociabilidade com intelecto. A oportunidade de jantar ou almoçar, fosse no dia que fosse, com estudiosos da música, da literatura russa, da matemática, dos clássicos, da biologia ou da psicologia foi, para mim, como ser o típico menino em uma loja de doces. Não posso agradecer o bastante aos companheiros do Kings College pelas tantas lembranças do ano mais memorável de minha vida.

A Fundação Alfred P. Sloan e a Fundação Solomon R. Guggenheim propiciaram o financiamento da minha temporada em Cambridge e de muitas outras despesas associadas à produção do manuscrito. Estou profundamente endividado (não literalmente, por sorte) com elas pela sua demonstração de confiança e pelo seu interesse no assunto. Espero que estejam orgulhosas do resultado do seu investimento.

Tal como aconteceu com a *Ignorância*, antes dele, acho um pouco irônico agradecer às pessoas a sua contribuição para *Fracasso*. Acreditem em mim, porém: elas são responsáveis por tudo que deu certo aqui. Vários colegas leram as versões do manuscrito desde os estágios iniciais até o final do seu desenvolvimento. Entre eles, incluo especialmente Anne Sophie Barwich, PhD recém-formada que pode ser intensamente crítica e imensamente divertida ao mesmo tempo. Charles Greer, Mathias Girel, Peter Mombaerts, Jonathon Weiner e Matt Rogers, e Brian Earp, um estudante e agora um bom amigo que conheci quando estava na Cambridge.

Também tenho muita sorte por ser membro de um grupo de escritores chamado Neuwrite, composto por cientistas, desde estudantes de pós-graduação até chefes de laboratório, de estudantes a profissionais, todos interessados nos problemas únicos de escrever ciência bem para um público amplo. Surpreendentemente, esse grupo continuou a se reunir regularmente durante mais de sete anos, coisa que resultou em livros, artigos de revista, ensaios, artigos de jornal, filmes e contos publicados em uma grande variedade de suportes, tanto *on-line* quanto impressos (consulte <http://www.columbia.edu/cu/neuwrite/members.html>). Vários capítulos deste livro foram elaborados por esse grupo, e tenho recebido muitos comentários úteis e desafiadores do grupo e de vários dos seus membros individualmente.

Tenho muita sorte de contar com o apoio da Oxford University Press, particularmente com o de Joan Bossert, que tem prestado uma grande ajuda, sendo uma editora excepcional, uma grande amiga e parceira de martíni; e a excelente equipe de publicitários, editores e pessoal de produção que trabalhou em *Ignorância* e agora em *Fracasso* e deve se perguntar que diabo ainda está por vir.

Tive a sorte incrível de alugar uma casinha dos Duncans, ex-membros do corpo docente da Cambridge, na adequadamente chamada Eden St. Essa casa propiciou o ambiente perfeito para ler, pensar e, mais importante, escrever. Cuidei de uma comunidade crescente de diversos pássaros que visitavam regularmente o quintal. Ainda me dá um pouco de saudade já não estar lá.

Por fim, tenho de agradecer, ainda que essa palavra dificilmente capte a dívida que tenho com elas, a minha esposa e minha filha, que levaram *Ignorância* a cabo comigo e depois acompanharam *Fracasso*. Elas leram muitas vezes este manuscrito, impediram-me de me perder com mais frequência do que você poderia imaginar e contribuíram com muitas ideias importantes. A sua confiança e o seu apoio inabaláveis a um projeto maluco após outro são, claro está, muito mais do que inapreciáveis. Presumindo que não sejam completamente loucas, elas são as duas melhores pessoas do mundo.

Introdução

Talvez a história dos erros da humanidade, considerado tudo, seja mais valiosa e interessante que a das suas descobertas. A verdade é uniforme e estreita [...] mas o erro é infinitamente diversificado.

Benjamin Franklin

Este livro tem fracasso escrito em toda parte.

Literalmente, é claro, mas também metaforicamente. De modo que o fracasso perseguirá este livro e, ocasionalmente, pode vencer uma rodada. Mas, se eu acertar, você entenderá que esses fracassos são uma parte importante do livro, um ingrediente absolutamente necessário. Um livro sobre o fracasso não pode ser uma mera palestra; também deve ser um tipo de demonstração. E agora, mediante um truque de prestidigitação, eu me vacinei pelo menos parcialmente contra o fracasso contando-lhe que o tema do livro é a grande importância dos fracassos. Pensando bem, este também é um tema: que devemos abrir e defender um espaço para o fracasso não catastrófico, um lugar em que o fracasso possa acontecer regularmente.

Este livro segue e é uma espécie de extensão de outro livro que escrevi recentemente, intitulado *Ignorância: como ela impulsiona a ciência.* Como você pode ver, estou criando um pequeno e bonito nicho para mim. Pode parecer que esteja me tornando um comerciante de desespero. Na verdade, acho esses dois assuntos edificantes. Embora comumente se conceba a ignorância e o fracasso sob uma luz negativa, na ciência eles são exatamente o contrário: é neles que está toda a ação interessante. Este será um ponto-chave no presente livro – que o fracasso na ciência é fundamentalmente diferente de todos os outros fracassos sobre os quais você leu em livros de autoajuda e de negócios e em artigos na *Wired* e na *Slate*. Trata-se de uma espécie de fracasso que não valorizamos suficientemente. Não entender isso, não valorizar o fracasso suficientemente, leva a visões distorcidas da ciência e nega uma versão do fracasso surpreendentemente útil, mas raramente considerada. Espero que neste ponto eu não fracasse com você.

A ciência, grande conquista intelectual da cultura ocidental moderna, geralmente é retratada como arrimada em pilares de grande força e poder intelectual na fundação.

Tais pilares são diversamente identificados como CONHECIMENTO e RAZÃO, ou FATO e VERDADE, ou EXPERIMENTO e OBJETIVIDADE. Coisa impressionante. Os estudantes são regularmente convidados a abordar a ciência do modo reverente que esses pesadíssimos pilares exigem. Talvez tais pilares sejam a descrição correta para a ciência de compêndio – o material que está congelado no tempo e que gerações desses mesmos malfadados estudantes foram obrigadas a dominar, com o que geralmente queremos dizer *memorizar temporariamente*. Mas, então, há a ciência corrente, as coisas reais que acontecem todos os dias nos laboratórios e nas mentes no mundo inteiro. A ciência se apoia, lamento dizer, em dois pilares sonoramente um pouco menos imponentes – a IGNORÂNCIA e o FRACASSO.

Sim, todo o tremendo edifício não passa disso. Os custosos programas de pesquisa, os anos de escolarização, a dedicação de quadros de PhDs, a oscilarem em cima da Ignorância e do Fracasso. Mas, sem esses dois, todo o negócio ficaria paralisado. Na verdade, mais do que pilares, a Ignorância e o Fracasso são motores que impelem a ciência. Fazem disso ao mesmo tempo um esforço imprudente e um processo conservador, um empreendimento criativo composto de resmas de dados entorpecedores. Entendo que essa visão da ciência, comprometida com a Ignorância e o Fracasso, provavelmente não seja a percepção comum, e que poucos que não sejam cientistas praticantes reconhecerão imediatamente a verdade dessa proposição. Mas aposto que quem faz carreira na ciência concorda plenamente ao ler isto. De fato, todo cientista para o qual mencionei que estou escrevendo um livro sobre o fracasso se ofereceu imediatamente para contribuir com um capítulo! Notavelmente, a maioria de nós vive muito bem fazendo esse tipo de trabalho e, praticamente, todo cientista que conheço adora o seu trabalho. Então, como isso é possível, composto que é principalmente de ignorância e fracasso – talvez com o acréscimo de uma pitada de acaso ou boa sorte?

Pode parecer que estou tentando enganá-lo, fingindo revelar algum segredinho sujo só para lhe chamar a atenção. Mas o fato é que não se trata de nenhum segredo: isso é de conhecimento geral dentro da ciência. De algum modo, fora do sistema científico, parece que agimos muito mal ao deixar que todo mundo se inteire do que fazemos. Tantas coisas são simplesmente tidas como tão evidentes que nunca nos ocorre torná-las explícitas. Você sabe mais ou menos o que fazem os advogados, o que fazem os contadores, o que fazem os jornalistas, os mecânicos de automóvel – mesmo que não saiba fazer nenhuma dessas coisas. Mas, quando eu digo a uma multidão de pais dos amigos das minhas filhas que sou cientista, a única coisa que eles querem saber é o que eu faço. Aliás, o que eu *faço* durante o dia, todos os dias.

Uma coisa curiosa neste livro é que ele nunca se organizou em torno de um argumento linear com certa lógica interna que o faça avançar. Eu não comecei os capítulos em uma ordem específica e continuei trabalhando neles sem nada disso. Eles são mais ensaios do que capítulos, cada qual uma reflexão sobre algum aspecto do fracasso e da ciência. O famoso imunologista e escritor de ciência *sir* Peter Medawar escreveu para a *Saturday Review* um artigo intitulado "Is the Scientific Paper Fraudulent?" [O ensaio científico é

14 STUART FIRESTEIN

fraudulento?]. A sua alegação não era que os ensaios científicos fossem falsos ou inexatos, mas sim que eram construídos de modo a não refletir os processos experimentais ou intelectuais reais no trabalho. Foram reconstruídos em alguma ordem narrativa destinada a enfatizar ou realçar a questão, mas não eram um registro preciso do que realmente aconteceu. Este livro é precisamente o contrário. Não foi elaborado em uma cuidadosa ordem lógica que constrói um argumento convincente e inatacável. É mais uma coleção de ideias, algumas das quais espero que sejam novas para você. Eram novas para mim.

Uma das coisas que espero que este livro faça é mostrar a ciência não tanto como um edifício construído sobre pilares grandes e imponderáveis, e sim como uma atividade humana absolutamente normal. Não o digo para degradá-la ou rebaixá-la, mas sim para construí-la como um modo notável e surpreendentemente acessível de ver o mundo. A ciência é acessível a todos porque realmente, na sua essência, tem tudo a ver com ignorância e fracasso, e talvez com o ocasional acaso feliz. Todos nós podemos entendê-la e valorizá-la.

1
FRACASSANDO AO DEFINIR O FRACASSO

Um fracasso real não precisa de desculpa. É um fim em si.

Gertrude Stein

Escolhi para abrir esse livro essa afirmação enganosamente simples, tão típica de Gertrude Stein, porque ela chega rapidamente ao âmago da questão. Desafia, desde o começo, a nossa ideia do que há de ser um fracasso. A que tipo de fracasso Stein se refere aqui? O que torna um fracasso "real"? Acaso existem fracassos "irreais" ou fracassos menores?

Como tantas palavras importantes, *fracasso* é excessivamente simples para a classe de coisas que ela representa. O fracasso vem com muitos sabores, intensidades, contextos, valores e inúmeras outras variáveis. Nada fica tão só quanto um fracasso sem saber algo mais a seu respeito. Na famosa *Encyclopédie* do Iluminismo francês, Diderot e D'Alembert (1751-1772), no verbete *Erreur* [Erro], que também parece destinado a cobrir o fracasso, advertem que é preciso cuidado, pois não há modo de desenvolver uma descrição ou classificação geral porque o *erreur* surge em muitíssimas formas. Iniciei este projeto com o que julguei que fossem algumas ideias claras acerca

16 STUART FIRESTEIN

do fracasso e do seu valor na busca de explicações científicas. O que me surpreendeu foi a rapidez com que aquelas poucas ideias geraram dezenas de perguntas.

Há um *continuum* de fracassos, não só um tipo estreito. Sim, existem fracassos que são meros enganos ou erros e, muitas vezes, podem não ser mais que uma lamentável perda de tempo. Há fracassos com os quais você aprende lições simples: tenha mais cuidado, leve mais tempo, verifique as suas respostas. Há fracassos que podem ser considerados grandes lições de vida: um casamento fracassado, um empreendimento comercial fracassado; dolorosas, mas talvez construtoras do caráter. Há fracassos que levam a resultados inesperados e, de outro modo, indisponíveis: muitas vezes parecem meros golpes de sorte, um fracasso acidental que abriu uma porta da qual você nem se havia dado conta. Há fracassos que são informativos: não trabalhe desse modo; deve haver alguma outra maneira. Há fracassos que levam a outros fracassos que, por fim, levam a algum tipo de sucesso em aprender por que os outros caminhos foram fracassos. Há fracassos que são bons durante certo tempo e depois não – na ciência, você pode pensar na alquimia, um fracasso que, no entanto, forneceu as bases da química moderna.

Os fracassos podem ser mínimos e facilmente descartados; podem ser catastróficos e daninhos. Há fracassos que devem ser incentivados e outros que devem ser desencorajados.

A lista poderia continuar. Mas eu não quero me desviar em uma longa polêmica tentando definir o fracasso, que certamente fracassará. Encontraremos todos os tipos de fracassos à medida que avançarmos e faríamos bem em pensar neles como descobertas, não contradições. Em vez disso, quero me concentrar no *papel* que o fracasso, em todas as suas muitas identidades, desempenha na ciência e como ele contribui para torná-la um empreendimento tão bem-sucedido.

Stein parece se queixar da resposta comum a um fracasso – que é um pedido de desculpas. O fracasso como erro, involuntário ou inevitável ou devido a uma falha pela qual você é responsável. O fracasso como resultado da burrice e da ingenuidade que requer desculpas e perdão. Por que você deixou isso malograr? Você não pode fazer coisa melhor? Ou talvez menos hostil, mas não menos decepcionante, o fracasso como inevitável. Bem, provavelmente isso não funcionaria. O que você esperava? Que coisa idiota lhe ocorreu fazer. E assim por diante. Stein, naquela primeira frase simples, identifica todas essas falhas ruins, falhas inúteis que rebaixam o fracasso.

Em vez disso, que tal o fracasso que não decorre da inépcia, da desatenção ou da incapacidade? (É verdade, mesmo aqueles que ocasionalmente acabam revelando algo inesperado e, às vezes, maravilhoso. Mas eu não dependeria deles. A indiferença desleixada só pode levá-lo até certo ponto.) Um fracasso real é diferente de todos os que precisam ou vêm acompanhados de um pedido de desculpas – porque ele não precisa de nenhuma desculpa.

Então o que são bons fracassos? Os que não precisam de desculpa e são um fim em si mesmos? Não realmente um fim no sentido típico – isto é, não um fim em que a gente desiste de tentar qualquer outra coisa. Antes um *fim* no sentido de algo novo e valioso. Algo de que se orgulhar e que, portanto, não requer nenhuma desculpa, mesmo que esteja "errado".

Tais fracassos existem realmente? Claro que existem os erros com os quais nós aprendemos, os erros que podem ser corrigidos, os fracassos que podem ser transformados em sucesso. Mas eu gostaria de conjeturar que Stein quis dizer algo mais profundo que isso. Que ela realmente quis dizer um fracasso significativo. No limite, isso pode significar que você pode só produzir fracassos significativos em toda a sua vida e ainda ser considerado um sucesso. Ou pelo menos nunca precisará pedir desculpas. Isso é possível mesmo? Quais são esses fracassos mágicos?

Tenho duas respostas possíveis. A primeira é que os fracassos que são um fim em si são interessantes. Interessante é outra palavra com a qual é preciso ter cuidado. É fácil de usar, mas é meio vaga e subjetiva. Existe alguma coisa que seja interessante para todos? Duvido. Mas, se considerarmos interessante como um descritor em vez de um identificador – isto é, uma qualidade de uma coisa e não

18   STUART FIRESTEIN

necessariamente uma coisa particular em si – talvez possamos chegar a um entendimento. Quando convidaram a mesma Gertrude Stein a escrever um artigo sobre a bomba atômica (logo após o seu uso na Segunda Guerra Mundial e, aliás, pouco antes da sua morte em 1946), ela respondeu que o assunto não lhe interessava. Stein gostava de histórias de detetive e desse tipo de literatura, mas os raios de morte e as superarmas não eram tão interessantes porque não deixavam nada atrás de si. Alguém deflagra uma bomba ou uma arma de destruição em massa que mata todo mundo e acaba com tudo. Então, o que há para nos despertar o interesse? Por certo seria melhor se não tivesse acontecido, mas se nada for tudo o que resta, quem há de se importar? Então talvez seja o que sobrou que poderia transformar uma coisa em um fracasso interessante. Os bons fracassos, poderíamos chamá-los de Fracassos de Stein, são os que deixam uma esteira de coisas interessantes: ideias, perguntas, paradoxos, enigmas, contradições – você sabe o que eu quero dizer. Pois tenho plena certeza de que esse é um tipo de fracasso bem-sucedido.

Eis a segunda ideia. O fracasso real é o fim em si mesmo? Ou é a disposição a fracassar, a expectativa do fracasso, a aceitação do fracasso, a conveniência do fracasso? Você é capaz de se imaginar almejando o fracasso? Consegue considerar interessante tornar o fracasso o seu objetivo?

Consegue, se souber exatamente o significado da palavra fracasso – o que espero convencê-lo é da versão científica de fracasso. É mais do que um erro idiota, mais do que um déficit da sua parte, mais do que um erro de cálculo, até mais do que uma chance de melhorar. Sim, mais até mesmo que fracassos como lições de vida. Sei que todos nós acreditamos que um fracasso pode ser valioso se aprendermos algo com ele. Afinal, isso é o chamamos de experiência. Mas que tal um fracasso que não visa a um autoaprimoramento posterior? Que tal fracassos que realmente são *um fim em si*?

Nesse sentido, praticamente toda a ciência é um fracasso que é um fim em si. Isso acontece porque as descobertas e os fatos científicos são provisórios. A ciência é atualizada continuamente. Pode ser bem-sucedida durante algum tempo; pode permanecer

FRACASSO **19**

bem-sucedida mesmo depois que se mostrou que estava errada de algum modo essencial. Pode parecer estranho, mas a boa ciência raramente está completamente equivocada, assim como nunca está completamente certa. O processo é iterativo. Nós, cientistas, saltamos de fracasso a fracasso, felizes com os resultados provisórios porque eles funcionam tão bem e muitas vezes estão pertíssimo da coisa real.

Newton estava notoriamente errado em duas coisinhas – o tempo e o espaço. Eles não são absolutos. A gravidade não se explica pela atração entre o centro de corpos maciços, ainda que assim pareça e possa ser utilmente descrita desse modo. Na medida em que podemos explicá-la, ela parece mais bem entendida, por ora, como um fenômeno emergente de massa a criar curvatura no espaço. Uma analogia imperfeita, mas útil, é o modo como uma pesada bola de boliche em um colchão causa uma depressão e as coisas colocadas no colchão tendem a cair na sua direção, como se estivessem sendo atraídas por ela. Mas o fracasso de Newton nesse aspecto, ainda que pareça ser uma parte fundamental da teoria da gravidade, não é totalmente fatal para o sucesso do seu trabalho. As suas equações descrevem com muita precisão a ação a distância entre dois corpos – o suficiente para calcular como acoplar um foguete a uma estação espacial orbitando a mais de 400 quilômetros de distância e se deslocando a uma velocidade de 27.359 quilômetros por hora.

No entanto, havia uma incômoda inconsistência no modelo de Newton sobre o que pareciam ser dois tipos diferentes de gravidade. Essa inconsistência foi o que alfinetou Einstein de tal modo que ele se dispôs a tomar uma perspectiva pouco intuitiva e ilógica. Embora não seja exatamente o que Einstein pensava a respeito, esses dois tipos de gravidade são mais facilmente vividos como a perda de gravidade – ausência de peso. Pode-se sentir um deles como a distância de um corpo maciço (a ausência de peso vivida no espaço sideral), e o outro é devido à aceleração (a sensação de leveza que você teria em um elevador em rápida queda). Eles parecem ser de duas causas diferentes e não relacionadas – a massa de um corpo próximo e a força oposta à inércia, ou aceleração. Duzentos e cinquenta anos depois,

Einstein corrigiu essencialmente a falha daquela parte da mecânica newtoniana mostrando que, no referencial inercial correto, aquele que não presume tempo ou espaço absoluto, os dois tipos de gravidade são um só.

De fato, acabou sendo uma correção importantíssima, exigindo uma mudança de dimensões copernicanas no nosso ponto de vista. Mas, como com Copérnico, ela não exigia que tudo o mais fosse jogado fora. Continuamos a viver a nossa vida cotidiana em um mundo newtoniano no qual espaço e tempo parecem suficientemente absolutos, assim como continuamos a viver a maior parte da nossa vida em um mundo precopernicano em que o sol "nasce" e "se põe". Isso simplifica muito grande parte da história (*ver* Notas), mas a questão é que Newton estava bem-sucedidamente equivocado e foi a própria parte errada do seu modelo que levou aos *insights* notáveis de Einstein. Ótimo trabalho.

Um fracasso pode ser ainda menos bem-sucedido – isto é, totalmente incorreto – e mesmo assim útil. Um exemplo da biologia pode ser o antigo princípio conhecido como "a ontogenia recapitula a filogenia". Esse trava-língua cunhado em 1866 pelo "pai da embriologia", Ernst Haeckel, é simplesmente uma tentativa um tanto bizarra de tornar memorável um conceito complicado, formando um *jingle* a seu respeito. Significa que, no decorrer do seu desenvolvimento, um embrião no ovo (ou no útero) parece passar por todos os estágios de evolução desse organismo. Por exemplo, os mamíferos, no início do desenvolvimento embrionário, têm o que parecem ser estruturas semelhantes a guelras e se parecem um pouco com os peixes. Essas estruturas finalmente se desenvolvem, tornando-se a nossa mandíbula e outros grupos de músculos e ossos da nossa cabeça e garganta, mas nada têm a ver diretamente com a respiração, como é o caso das guelras dos peixes. Na verdade, o conceito de Haeckel é completamente errado, embora tenha dominado durante décadas e levado a muitos avanços na embriologia. Está errado tanto na embriologia quanto no que diz respeito à evolução. Não evoluímos a partir dos peixes (ou dos macacos, aliás); nós compartilhamos um ancestral comum que evoluiu e se transformou nos dois animais, no caso do peixe, há cerca de quinhentos milhões de anos, e, no caso dos macacos, há uns poucos 85 ou noventa milhões de anos.

Não obstante, esse fracassado conceito de ontogenia-filogenia deu origem a ideias importantes sobre como o desenvolvimento procede em estágios claramente estabelecidos, e que as estruturas evoluem de formas anteriores, possuindo uma ancestralidade comum apesar de uma divergência contemporânea. O meticuloso trabalho de Haeckel realmente deu início ao ramo da ciência que hoje chamamos de embriologia. Especificamente, ele introduziu a anatomia e o desenvolvimento comparativos – isto é, a noção de que podemos aprender muito fazendo comparações entre as espécies. Isso mostrou crucialmente não só que as espécies eram relacionadas, como também que o seu desenvolvimento procedia de modo semelhante ao longo de certos princípios. Não se pode superestimar o valor desse "fracasso" para a biologia moderna. Por outro lado, ele continua sendo nocivo, já que há muitas pessoas que ainda acreditam nisso porque foi o que lhes ensinaram na escola. Você se lembra daquela tolice sobre a gente ter tido rabo quando era embrião.

Você poderia objetar que os fracassos de Newton e Haeckel acabaram levando a sucessos e, portanto, não eram realmente fins em si. Acho que isso seria pedir demais ao fracasso. Os fracassos como esses levam não só a percepções maiores como também a *insights* muito imprevisíveis. Eles nos obrigam a olhar para um problema de modo diferente em virtude da maneira específica como fracassaram. Esse pode ser considerado o caso de Einstein, ao reconhecer que a pequena falha de Newton foi, na verdade, um erro fundamental sobre o tempo e o espaço. Esperamos que os sucessos nos levem a um sucesso maior ainda. O que talvez não seja tão óbvio é que o fracasso é capaz de fazer a mesmíssima coisa.

Esses são os que eu chamaria de fracassos que não precisam de desculpa, que ficam ombro a ombro com o sucesso. Eles são o invólucro, as entranhas da ciência, e não lhes dar o devido valor é perder mais da metade do que a ciência está ativamente engajada em fazer e de como ela funciona. O grande trabalho que espero fazer aqui é remediar isso.

22 STUART FIRESTEIN

***

Há muitas coisas triviais que podem ser ditas – e o foram – a respeito do fracasso. Elas são os tipos de aforismos comumente encontrados nos biscoitos da sorte dos restaurantes chineses. Vou resumi-las em um parágrafo e então poderemos passar para as partes interessantes – as funções muito mais amplas e profundas do fracasso que são desconsideradas imerecidamente ou, pior, impensadamente rejeitadas como indesejáveis.

Então vamos lá: fracassar faz parte do sucesso. O fracasso constrói o caráter. Quem nunca fracassou nunca tentou. A pessoa não conhece a si própria enquanto não tiver fracassado. A gente precisa aprender a se levantar e voltar ao jogo. E assim por diante. Tenho certeza de que você pode pensar em outras platitudes parecidas. E todas são bons conselhos, especialmente quando você recebe o telefonema de uma pessoa que está realmente mortificada por causa de um fracasso no amor, no trabalho ou no esporte. Claro, o fracasso faz parte da vida e administrá-lo é importante para a sua felicidade. E há inúmeros livros repletos de conselhos triviais sobre como fazer todas essas coisas. Então vamos acabar logo com isso.

O que nos interessa aqui, sutil, mas significativamente diferente desses exemplos anteriores, é onde e quando o fracasso é realmente uma parte do processo. Onde ele merece estar ao lado do sucesso, onde não é apenas uma história edificante do rapaz ou da moça que tem sucesso graças à perseverança, mas onde o fracasso realmente tem de estar presente para que o processo ocorra corretamente. Trata-se da diferença entre os fracassos de Edison (Thomas) e os de Einstein (Albert). Edison afirmou que nunca fracassou, apenas encontrou 10 mil modos que não funcionavam. Mas enfim conseguiu. Claro está, provavelmente não foram 10 mil tentativas erradas, mas o número real não importa – foram muitas tentativas e finalmente o sucesso. Este é um bom conselho para um inventor, não tanto para um cientista. Einstein viveu de fracassos, dos seus próprios e dos de outros, não só de modos que não funcionavam. Sem fracasso, não há ciência.

FRACASSO **23**

Ora, isso não é verdadeiro para todos os outros grandes empreendimentos humanos. Ninguém é obrigado a primeiro fracassar nos negócios para depois ficar rico, nem é obrigado a fracassar na escrita para vir a ter sucesso como romancista, tampouco é obrigado a matar algumas pessoas para se tornar um bom médico. Em nenhum desses empreendimentos o fracasso é obrigatório – embora possa acontecer e, infelizmente, aconteça muitas vezes. As pessoas bem-sucedidas podem tentar convencê-lo de que o fracasso foi a chave do seu sucesso, são capazes de abraçar narrativas edificantes para provar isso e até mesmo de escrever livros inteiros de autoajuda para auxiliá-lo na sua jornada pelo fracasso. Mas isso lhes parece assim apenas retrospectivamente, porque elas fracassaram e depois tiveram sucesso. As pessoas que simplesmente tiveram sucesso imediato não têm o tipo de narrativa que contribui para uma boa leitura e raramente têm algum conselho que você possa usar. Dizem que, quando lhe perguntaram como vir a ser um autor de sucesso, James Michener (*Histórias do Pacífico Sul*, 1947) respondeu: "Tente fazer que o seu primeiro romance se transforme em um musical de Rodgers e Hammerstein". Bom conselho.

O fracasso em todos esses empreendimentos não é incomum, mas tampouco é necessário. Na ciência não é assim. Os fracassos são tão informativos quanto os sucessos, às vezes até mais, e, claro está, às vezes menos. Os fracassos podem ser decepcionantes no início, mas os sucessos que não levam a nenhum lugar novo são prazeres efêmeros. *Conclusão* tem um curioso duplo sentido na ciência. Recorremos a essa palavra com frequência como título de uma seção nas nossas publicações. Temos os Métodos, os Resultados e, naturalmente as Conclusões (embora, atualmente, as "Conclusões" costumem ser chamadas de "Discussão", termo aparentemente mais modesto). Nesse contexto, a palavra se refere ao que podemos deduzir ou inferir a partir dos dados – isto é, o que conseguimos descobrir. Mas também significa *chegar ao fim*, coisa que quase nunca queremos dizer, nem tencionamos. Na maior parte das vezes, as próprias Conclusões estão abarrotadas de perguntas novas. E muitas dessas perguntas surgem porque alguns dos experimentos não produziram os resultados esperados. Fracassaram. Enrico Fermi, o físico nuclear pioneiro, dizia aos alunos: "Se os seus experimentos lograrem provar a hipótese, você fez uma medição; se não lograrem, você fez uma descoberta".

Em ciência, a gente não só precisa ter estômago para o fracasso como também precisa curtir o gosto dele.

Se você aceita a afirmação de que o fracasso é uma parte tanto inevitável quanto desejável da ciência, é sensato indagar que quantidade de fracasso. Afinal, não pode ser só fracasso, ou pelo menos tenho certeza de que não pode ser um único fracasso. Mas acho que subestimamos a quantidade de fracassos que é aceitável. Unicamente para ter uma noção da escala do fracasso, vamos analisá-lo em outros lugares e ver quais são as faixas de tolerância. Podemos começar com o mundo natural.

Os maiores predadores da natureza – os reis da selva, do mar, do ar; as máquinas de matar das edições especiais da *National Geographic* –, bem, acontece que eles são bem-sucedidos em somente 7% das suas tentativas de caçada. Talvez você pense que um leão, uma baleia assassina ou um falcão de cauda vermelha pode sair e capturar um pobre animal indefeso toda vez que sente vontade de deglutir um lanche. Na verdade, 93% das vezes, eles não conseguem capturar a presa, e é por isso que têm de ser astutos e estão quase sempre caçando. Além disso, esses animais geralmente caçam na periferia do rebanho, apresando os doentes, os coxos e os velhos. Isso tem um motivo: a taxa de fracasso na captura de uma bela criatura jovem e ainda suculenta é maior ainda. No entanto, seguimos considerando-os no topo da cadeia alimentar e ungindo-os como reis dos seus nichos. Talvez pareça, pela perspectiva biológica, que você pode tolerar muitos fracassos e mesmo assim levar uma vida decente. (Suponho que você possa inverter as coisas e dizer que as *presas* são bem-sucedidas durante notáveis 93% do tempo, mas esse é um cálculo difícil, já que uma presa só pode falhar uma vez. E os cientistas são caçadores, não presas, espero eu.)

A própria evolução é um paraíso do fracasso. Mais de 99% das espécies que já surgiram estão extintas. Alguns cientistas acreditam que as espécies continuam a se extinguir a uma taxa atualmente alarmante. Como, em meio a tanto fracasso, surgiram as criaturas maravilhosamente complexas que nós observamos? Acaso todos esses animais, plantas e ecossistemas notáveis foram criados pelo fracasso? Talvez não seja tão difícil ver a atração das narrativas da criação e por que elas provocam uma crença generalizada quando a explicação alternativa é o fracasso. Mas, goste-se ou não, é assim que a coisa funciona.

O grande *insight* de Darwin foi que a evolução ocorre por mudanças aleatórias na composição de um organismo, seguidas por um processo de seleção que favorece as mudanças benéficas. Desse modo, ela elimina ao longo do tempo as mudanças inúteis ou nocivas e até o *status quo*. Hoje entendemos que essas mudanças se devem a mutações nos genes, e essas mutações são esmagadoramente fracassos. Os fracassos perecem, a maioria deles imediatamente, os menos graves, após centenas de milhares ou mesmo de milhões de anos. Mas, por fim, fracassam. Um bilhão de anos de evolução ou mais é principalmente um registro de fracassos.

E não termina aí. O mecanismo real da evolução – os seus parafusos e porcas, que nós chamamos com tanta desenvoltura de mutação aleatória – depende do fracasso. Os espermatozoides e os óvulos copiam o DNA dos pais para os filhos. O DNA é uma molécula com uma estrutura notoriamente identificada como uma hélice dupla, como duas escadas em espiral enroladas uma na outra. A parte dupla é a chave da função hereditária do DNA. Cada uma das duas hélices é uma cópia da outra. Se elas se separarem, como acontece nos óvulos e espermatozoides, cada hélice, usando algumas enzimas e outras substâncias químicas dentro da célula, pode formar uma nova hélice parceira para si. Isto é, ela pode copiar a si própria. Mas o processo de cópia não é perfeito; comete erros. Esses erros são o que chamamos de mutações aleatórias. Elas não são aleatórias porque o processo químico de cópia é simplesmente imperfeito; não favorece nenhum tipo específico de erro. Alguns erros resultam em alterações em um gene, uma seção da molécula de DNA, que são fortuitamente benéficas, e a prole resultante com esse gene melhorado tem alguma vantagem sobre as outras com o gene de modelo mais antigo. Mais forte, mais rápida, mais inteligente, o que for. Mas, como o processo é essencialmente um erro de cópia, um fracasso, na maior parte das vezes, a mudança é prejudicial ou, na melhor das hipóteses, inútil. Sem esse mecanismo de cópia defeituosa não haveria evolução, nada para o trabalho da seleção natural. Daquilo que só pode ser visto como uma onda esmagadora de erros e fracassos foi que o mundo vivo emergiu. Toda a complexidade, toda a aparente precisão de mecanismo de relógio da vida, desde o embrião em desenvolvimento até o ecossistema mais elaborado – tudo isso se deve ao fracasso em uma escala quase inimaginável. Quem tem alguns bilhões de anos para zoar por aí pode suportar muitos fracassos.

Talvez o atletismo seja uma ilustração mais prosaica, porém mais imediata. Trata-se de uma atividade na qual o sucesso parece ser importante e o fracasso deve ser evitado. Então, até que ponto o fracasso é aceitável nos esportes? No jogo de beisebol, o salário de um jogador de posição – em oposição ao de um arremessador – geralmente depende da sua média de rebatidas. Esta é o número de vezes que o jogador chega à base com segurança acertando a bola. É calculado dividindo o número de acessos pelo número de rebatidas (o número de vezes que o jogador veio para bater e, portanto, o número de oportunidades de acertar). Como a temporada de beisebol é demorada e a carreira dos jogadores geralmente dura uma dúzia de temporadas ou mais, essa média de rebatidas pode ser calculada com três casas decimais significativas. Assim, o famoso Joe DiMaggio, dos Yankees, teve "uma média vitalícia de acertos de 0,325". Joe DiMaggio foi um dos maiores jogadores de beisebol de todos os tempos e talvez juntamente com Ted Williams, do rival Boston Red Sox (média vitalícia de 0,344), eles tenham sido os maiores rebatedores de todos os tempos. Mas o que a sua média nos diz é que, quase sete em cada dez vezes que iam bater... eles fracassavam. Os jogadores de beisebol são eliminados por *strikeouts*, *groundouts*, *flyouts* e, por vários outros motivos, simplesmente voltam ao banco e lá ficam até a oportunidade seguinte de participar do jogo.

(Para ser preciso, também havia a possibilidade de um passeio, que permitisse que o batedor avançasse para uma base livre porque o arremessador jogou a bola para fora da zona de ataque quatro vezes e o batedor não acertou. Mas, nas estatísticas do beisebol, uma caminhada não conta como uma oportunidade de rebatidas e, portanto, não afeta a média de rebatidas. Na verdade, Ted Williams caminhou notáveis 2.021 vezes, ao passo que DiMaggio caminhou apenas 790 vezes. Há muitas razões complicadas por trás desses números, algumas das quais têm a ver com as aptidões do jogador e outras são mais uma questão de estratégia e diversas razões sutis que não chegam a ser tão relevantes para esta discussão. Para que você não se preocupe com a possibilidade de eu entrar em uma longa polêmica sobre certas minúcias do beisebol, vou resistir e parar por aqui.)

DiMaggio teve 6.821 aparições na base do rebatedor durante as suas treze temporadas e acertou com segurança em 2.214 delas. Mas ficou fora 4.607 vezes. Quase o dobro do número de vezes em que esteve seguro. Quase o dobro do número de vezes. Mais impressionante até, Ted Williams, em dezenove temporadas, chegou a rebater 7.706 vezes, acertou com segurança 2.654 vezes, mas foi eliminado 5.052 vezes. Os dois maiores rebatedores da história do beisebol tiveram um total combinado de quase 10 mil fracassos!

Somente alguns jogadores acertam regularmente em trezentas ou mais, e esses são os jogadores mais bem pagos do beisebol, recebendo salários superiores a dez milhões de dólares por ano. Dez milhões por ano para fracassar sete vezes em dez, de modo confiável. Claramente, o fracasso pode ser uma boa aposta.

Então qual é a resposta? Quantos fracassos são aceitáveis? Claro que não há um número ou quantidade precisa para ser calculada. Mas podemos ver a partir desses poucos exemplos que a taxa aceitável é provavelmente muito maior do que você teria imaginado. No limite, o sucesso precisa ocorrer apenas uma vez; os fracassos podem ocorrer reiteradas vezes, contanto que a sua vida ou os seus recursos não acabem. E mesmo uma taxa de fracasso confiável de 80% a 90% pode ser considerada bem-sucedida. A experiência, esse atributo tão valorizado dos eruditos, é o resultado de não acertar na primeira vez. Niels Bohr descreveu o especialista como "uma pessoa que fez todos os erros que podem ser cometidos em um campo estreitíssimo". Observe que não é alguém que teve sucesso em um campo estreito.

2
FRACASSE MELHOR
CONSELHO DE SAMUEL BECKETT

Já tentou. Já falhou. Não importa. Tente nova-
mente. Fracasse novamente. Fracasse melhor.

Samuel Beckett

Escrevi este capítulo depois de ser lembrado, pela romancista inglesa Marina Lewycka, dessa citação de um dos menos conhecidos contos tardios de Samuel Beckett. Desde o começo, aprendi que a citação havia se tornado um elemento básico dos livros de autoajuda e dos de negócios, manchetados por um dos onipresentes manuais de Timothy Ferriss sobre como ser fabuloso rapidamente com pouco ou nenhum esforço. Depois descobri que, graças a um artigo na revista *Slate*, ela passou a ser a frase predileta no Vale do Silício e no auto-denominado conjunto empreendedor. O meu primeiro pensamento foi aceitar ter ficado para trás e abandonar o capítulo. Mas então li os outros artigos, geralmente ensaios, que usam essa citação e percebi que aquela era, na verdade, a oportunidade perfeita de ilustrar como aquilo que praticamente todo mundo entende por fracasso tem um signifi-cado diferente na ciência. E que cúmplice melhor que Samuel Beckett?

As linhas concisas geralmente são consideradas uma versão lite-rária de outro daqueles chavões sobre o fracasso. O velho tropo

30 STUART FIRESTEIN

"tente, tente de novo...". Mas é claro que Beckett raramente era tão simples. Em uma das minhas descrições literárias favoritas, Brooks Atkinson, em uma resenha do *New York Times* de *Esperando Godot*, chamou a peça de "um mistério envolto em um enigma". Nada ruim, a descrição geral de Beckett.

Sendo incapaz de superá-la, vou me abster aqui, para o seu alívio, tenho certeza, de uma interpretação crítica de Beckett. Mas nessa citação há algo especialmente penetrante que vale a pena gastar alguns momentos para explorá-lo. Beckett oferece uma ideia de fracasso que nada tem de comum, mas que se aproxima muito do que me parece que é o sentido científico da palavra.

A declaração é tipicamente sucinta (doze palavras em seis frases!), mas aparentemente trivial. Talvez uma lição de vida autobiográfica acerca do fracasso. Poderiam ser, salvo pela concisão, as primeiras linhas de um livro de autoajuda. Sim, eu tentei, e sim, fracassei, mas isso não vai me deter! Vou tentar novamente, mesmo que torne a fracassar. Fracasse melhor.

Mas eis que, de repente, surge aquela última frase de duas palavras. Fracasse melhor. Fracassar... melhor? Ora, o que isso poderia significar? Como é que a gente melhora no fracassar? Acaso há uma maneira melhor de fracassar? Existe uma maneira pior de fracassar? O fracasso não é só fracasso, e o que importa é como você trata isso, se recupera disso, supera isso? Beckett está tentando uma vez mais, não para ter sucesso, e sim para fracassar melhor.

Fracassar em escrever um romance popular – o que ele certamente tinha capacidade de fazer, fracassar em repetir o que o havia tornado famoso, fracassar somente para tentar outra vez sem *tentar fracassar*; essas opções não eram para Beckett. Fracassar melhor significava evitar o sucesso quando, ou porque, ele já sabia como alcançar isso. Fracassar melhor significava deixar o círculo do que ele sabe. Fracassar melhor significava descobrir a sua ignorância, descobrir onde os seus mistérios ainda residem. Tente outra vez, claro. Mas não para ter sucesso. Tente outra vez Para Fracassar Melhor.

É esse significado incomum de fracasso que sugiro que os cientistas devem abraçar. É preciso tentar fracassar porque é a única estratégia para não repetir o óbvio. Fracassar melhor significa olhar além do óbvio, além do que você conhece e além do que sabe fazer. Fracassar acontece quando fazemos perguntas, quando duvidamos dos resultados, quando nos deixamos mergulhar na incerteza.

Muitas vezes, você fracassa até ter sucesso, e então se espera que pare de fracassar. Depois de ter conseguido, supõe-se que você saiba alguma coisa que o ajuda a evitar mais fracasso. Mas esse não é o caminho da ciência. O sucesso só pode levar a mais fracassos. O sucesso, quando chega, tem de ser testado rigorosamente e, a seguir, tem de ser considerado pelo que ele não nos diz, não apenas pelo que nos diz. Ele tem de ser usado para chegar à próxima parada na nossa ignorância – tem de ser desafiado até que fracasse, desafiado *para que* fracasse. Esse é um tipo diferente do fracasso nos negócios e até na tecnologia. Lá é "Cometa um erro ou dois (especialmente se for com o dinheiro de outra pessoa), porque você pode aprender com esses erros – mas então basta de fracasso". Fracasse grande e fracasse rapidamente, dizem os técnicos. Como se se tratasse de uma coisa a ser tirada do caminho o mais depressa possível. O executivo cinematográfico Michael Eisner disse em um discurso de 1996: "Fracassar é bom, contanto que não se torne um hábito". Uma vez bem-sucedido, não deveria haver retrocesso. Mas o fracasso não é um retrocesso na ciência – ele faz as coisas avançarem tão seguramente quanto o faz o sucesso. E nunca se deveria acabar com isso. Deveria tornar-se um hábito.

Ao tentar falhar melhor, Beckett amplia a sua esfera em vez de encolhê-la. É quase, mas não exatamente, o contrário do processo de tentar ter sucesso, que não é necessariamente ter sucesso, pois tentar fracassar não é necessariamente fracassar. Tentar ter sucesso implica aprimorar uma técnica, aperfeiçoar uma estratégia, enfocando o problema, concentrando a sua atenção na solução. Às vezes, claro está, nada disso é coisa ruim. Com efeito, no trabalho cotidiano da ciência, esta é a receita da realização – se, com isso, você quer dizer publicar artigos e receber subsídios. Há muitos cientistas que diriam que é disso que a ciência trata: que o nosso trabalho é colocar peças em um quebra-cabeça, e quanto mais peças você adicionar, mais bem-sucedido será. É difícil argumentar contra essa abordagem tão pragmática, que parece ser "bem-sucedida" no sentido que discutimos anteriormente.

Exceto para observar que esse processo está acuando a ciência, separando-a da cultura mais ampla, deixando de envolver gerações de estudantes, transformando-a em uma bocarra enorme para fatos e subdividindo o esforço em especialidades cada vez menores, nenhuma das quais com a menor ideia de com o que as outras têm a ver. Todos reconhecemos que há algo errado nisso. Não conseguimos acompanhar a literatura em expansão de detalhes cada vez menores, não podemos concordar quanto a quais prioridades de gastos estão certas, parece que não conseguimos afetar as políticas públicas com o nosso conhecimento. Nós – cientistas – somos uma sociedade secreta de excêntricos e *geeks*, tolerados porque de vez em quando uma engenhoca ou uma cura escapa da impenetrável maquinaria que devíamos estar controlando. E, enquanto a taxa em que isso acontece for suficiente para satisfazer o público contribuinte, este continuará apoiando "o que vocês fazem, seja lá o que for". Esse processo pode ser bem-sucedido em algum sentido restrito da palavra, mas está fadado a ficar sem vapor ou pelo menos a nos matar de tédio.

A alternativa? Fracasse melhor. Mas como se faz isso? Não facilmente, como nos lembra Beckett. Tente escrever uma proposta de financiamento na qual você promete "fracassar melhor". Tente conseguir um emprego com uma estratégia de pesquisa que explica o seu programa para fracassar melhor. Tente atrair alunos ao seu laboratório, onde você lhes promete todas as oportunidades de fracassar melhor.

Sei o quão louco isso parece, mas é claro que é o modo certo de proceder. Se você estiver avaliando uma subvenção, deve estar interessado em saber como ela fracassará – de modo proveitoso ou simplesmente por não ter tido êxito. Não ter êxito não é a mesma coisa que fracassar. Não na ciência. Thomas Edison rotular os seus fracassos na tentativa de aperfeiçoar a lâmpada como 10 mil maneiras de não ter sucesso corresponde ao pensamento correto para a tecnologia e a invenção. E não se trata de um mantra ruim para o pessoal do Vale do Silício, pois pelo menos os aconselha a ser pacientes e a tolerar o insucesso durante algum tempo. Mas isso não é o mesmo que falhar melhor.

A pergunta certa a fazer a um candidato a um cargo de professor que acaba de apresentar o seu plano de cinco anos de pesquisa é: que percentual de risco de fracasso isso tem? Deve ser mais que a metade – bem mais que a metade, na minha opinião. Pois, do contrário, é muito fácil, muito simplista, pouco aventureiro – principalmente para um jovem cientista. E, francamente, um plano de cinco anos no qual qualquer um deve acreditar, especialmente a pessoa que o apresenta? Quem dentre nós poderia prever o que quer que seja daqui a cinco anos? Que tipo de ciência seria a que fizesse previsões confiáveis em um futuro tão distante? A ciência trata daquilo que ainda não sabemos e de como chegaremos a sabê-lo. E ninguém sabe o que é isso. Geralmente ainda não sabemos o que não sabemos. E essa ignorância profunda, as incógnitas desconhecidas, será tudo revelado unicamente pelos fracassos. Os experimentos que deveriam resolver esta ou aquela questão e não o fazem mostram-nos que precisávamos de uma questão melhor. E o que quero saber de um jovem cientista é: como você vai configurar os seus fracassos?

O fracasso não é uma coisa para tolerarmos enquanto nos concentramos no lado bom. O fracasso não é uma condição temporária. Deve ser abraçado e trabalhado com toda a diligência que estamos acostumados a colocar no sucesso. O fracasso pode ser malfeito ou pode ser bem-feito. Você pode melhorar o seu fracasso! Fracasse melhor.

Como fazer isso? Claro que ter uma receita de fracasso seria uma tolice maior do que se eu tivesse uma receita infalível de sucesso, já que a ideia central é que não há um caminho único. Dito isso, posso fazer algumas recomendações pessoais, só como exercício de pensamento. Em primeiro lugar, reconheço que fracassar melhor não é fácil na cultura atual. Talvez, neste momento histórico, as oportunidades que o fracasso cria serão mais bem percebidos como uma escolha pessoal, como um estratagema que você adota para tomar

34 STUART FIRESTEIN

decisões sobre qual aberração investigar, sobre em qual projeto maluco você vai se demorar um pouco mais do que seria aconselhável. Trata-se de uma espécie de subterfúgio momentâneo, a gaveta secreta em que você guarda as suas ideias inviáveis, mas nem por isso menos queridas. Sabe, aquela gaveta que só se abre se você cutucar primeiro um lado e depois o outro, e para lá e para cá. Prestando atenção às falhas, não pelo propósito de corrigi-las, mas pelas coisas interessantes que elas têm a dizer, porque são uma lição de humildade e fazem a gente recuar e reconsiderar os nossos pontos de vista há muito defendidos. Nenhum fracasso é pequenino a ponto de ser desconsiderado ou passar despercebido.

Fez-se um avanço fundamental na descoberta de uma família de enzimas conhecidas como proteínas G quando finalmente se percebeu que o sabão de lavar louça usado nos artigos de vidro experimentais estava acrescentando a eles vestígios de alumínio e esse foi um cofator decisivo na ativação da proteína G. Ninguém teria suspeitado de tal coisa. Isso causou anos de fracassos frustrantes de muitos experimentos, mas finalmente levou a uma das descobertas mais importantes na farmacologia – e a um prêmio Nobel. Essa é apenas uma entre centenas, senão milhares, dessas histórias, grandes e pequenas, de fracassos produtivos que levaram a uma descoberta até então impensada.

Claro está que o problema é que só temos histórias de fracassos que acabaram levando a um sucesso. Isso não se deve ao fato de eles serem necessariamente um tipo melhor de fracasso, mas sim porque esses são os tipos de histórias que contamos, de modo que esses são os dados que temos. Sim, há casos em que um fracasso simplesmente diz, opa, árvore errada; vamos seguir adiante. E eles não carecem de valor. Podem ser tão elegantes, criativos e inteligentes quanto as coisas que deram certo. Merecem um lugar de honra – e em breve chegaremos a essa questão.

Pode ser mais difícil reconhecer o valor intrínseco do fracasso quando ele finalmente resulta em sucesso, no sentido de uma descoberta positiva, como a identificação da proteína G. Mas há dois modos de os fracassos terem um valor intrínseco além da correção que proporcionam. O primeiro, e talvez o óbvio, é que não há como prever para que lado eles vão virar. Podem levar a um sucesso ou se precipitar em um beco sem saída. Ou, com mais frequência, podem levar a um sucesso parcial que voltará a fracassar um pouco mais adiante, levando a outra correção. Esse processo iterativo – serpentear de fracasso em fracasso, cada qual sendo suficientemente melhor que o anterior – é o modo como a ciência geralmente progride.

Os fracassos não se limitam a levar a uma descoberta fornecendo uma correção (*e.g.*, controle de alumínio nos artigos de vidro usando plástico); também levam a uma mudança fundamental no modo como pensamos os experimentos futuros – e, nesse caso, no modo como pensamos nas enzimas, em como elas funcionam e em como descobri-las. Agora sabemos que os metais residuais (a lista, até o momento, inclui o cobre, o ferro, o magnésio, o zinco e outros), em quantidades extremamente pequenas, são importantes para a função enzimática adequada. E podem vir de lugares inesperados, como dos artigos de vidro. Esse fracasso, então, consiste em dados. O fato de os experimentos terem acabado funcionando porque o alumínio foi controlado realmente serve para confirmar o fracasso. Não pensamos em confirmar os fracassos, mas o fazemos com frequência. Então nos lembramos seletivamente do sucesso, já que é um grande alívio, e a existência do fracasso permanece ignorada.

Não são somente os jovens cientistas que se tornaram avessos ao fracasso, embora seja dolorosíssimo ver isso acontecer. À medida que a sua carreira segue em frente e é preciso obter subsídios, você naturalmente destaca os sucessos e propõe experimentos que deem continuidade a essa exitosa linha de trabalho com a sua alta probabilidade de produzir resultados. Os experimentos na gaveta saem com menos frequência e, por fim, a gaveta fica definitivamente fechada. O laboratório se torna uma espécie de máquina, um alimentador – dinheiro entrando, papéis saindo.

A minha esperança, claro está, é que as coisas não fiquem muito tempo assim. Não eram assim no passado, e não há absolutamente nada na ciência e na sua busca adequada que exija uma alta taxa de sucesso ou a probabilidade de sucesso, ou a promessa de algum

36   STUART FIRESTEIN

resultado. De fato, na minha opinião, essas coisas são um impedimento para a melhor ciência, posto que eu admita que elas farão com que você se saia bem dia após dia. Parece-me que simplesmente trocamos as prioridades. Fizemos da coisa fácil – executar experimentos para preencher partes do quebra-cabeça – o padrão de julgamento e relegamos as ideias novas e criativas àquela gaveta emperrada. Mas há um custo nisso. Refiro-me a um custo monetário real, porque é um desperdício manter todo mundo caçando em um mesmo território, cada vez menor. Sim, temos aquele antigo provérbio acerca de olhar embaixo do poste porque lá a luz é melhor, mas, de vez em quando, a gente tem de se aventurar na escuridão, além do facho de luz, onde as coisas são sombrias e a probabilidade de fracasso é elevada. Mas essa é a única maneira de o círculo de luz se expandir.

Participei de um seminário sobre as tendências de pesquisa em doença de Alzheimer, no qual o neurologista David Teplow, da Ucla,* mostrou um gráfico do número de artigos publicados, começando pouco antes de 2000, sobre algo conhecido como "proteína Aβ". Isso foi quando alguns laboratórios publicaram trabalhos sugerindo que a Aβ (diz-se "A-beta") era uma importante contribuinte da doença de Alzheimer. Na verdade, eles alegavam que ela era *o* fator causal. Em questão de meses, e ainda prossegue, houve um aumento exponencial de artigos sobre a Aβ. Tendo partido de algumas citações anuais, a proteína Aβ agora aparece em mais de cinco mil artigos por ano! Aquilo acabou sendo, com toda a probabilidade, a caçada a um fantasma – se a ideia fosse que livrar um paciente de Aβ curaria o mal de Alzheimer. É como no provérbio chinês em que o primeiro cachorro late para alguma coisa e uns cem se põem a latir ao ouvi-lo. Mas esse efeito maria vai com as outras, em que uma descoberta científica é publicada em um jornal proeminente e todo mundo vai atrás dela, é visível em praticamente todos os campos da ciência.

E é uma caçada. Não uma exploração cuidadosa. Não uma tentativa de desvendar um mistério. Nem mesmo a "nova" e promissora

---

* Universidade da Califórnia (UCLA), Los Angeles. [N. T.]

linha de pesquisa que se anuncia. Principalmente é uma direção que, de repente, passa a figurar no mapa de financiamento e, portanto, deve ser perseguida. A propósito, para manter o registro em ordem, a Aβ por certo está envolvida na doença de Alzheimer, mas já não é considerada o fator causal pela maioria dos pesquisadores e até se constatou que podia servir a um propósito benéfico em cérebros normais. Geralmente, considera-se improvável que ela seja uma boa candidata a um medicamento ou a se tornar um alvo do tratamento. Não pergunte quanto tudo isso custou.

Como isso vai mudar? Isso acontecerá quando abandonarmos ou pelo menos reduzirmos a nossa devoção a fatos e a coleções deles, quando decidirmos que o ensino de ciências não é uma maratona de memorização, quando nós – cientistas e não cientistas – reconhecermos que a ciência não é um corpo de trabalho infalível, de leis e fatos. Quando tornarmos a reconhecer que a ciência é um processo dinâmico e difícil e que a maior parte do que há para saber ainda é desconhecida. Quando seguirmos o conselho de Samuel Beckett e tentarmos fracassar melhor.

Quanto tempo isso vai demorar para mudar? Acho que será necessário o tipo de mudança revolucionária no pensamento sobre a ciência comparável ao que Thomas Kuhn identificou notoriamente, ainda que talvez um pouco erroneamente, como uma mudança de paradigma, uma modificação revolucionária de perspectiva. Contudo, é minha opinião que as mudanças revolucionárias geralmente acontecem mais rapidamente que as mudanças "orgânicas". Elas podem parecer improváveis ou até impossíveis, mas então, uma vez que o primeiro tiro é disparado, a mudança ocorre prontamente. Penso em vários movimentos de direitos humanos – desde os direitos civis para os negros norte-americanos até o sufrágio universal para as mulheres. Impensáveis no início, depois era incompreensível que tivessem tardado tanto. O repentino colapso da supostamente indomável União Soviética é outro exemplo de como as coisas podem acontecer rapidamente quando elas envolvem uma mudança profunda no modo como pensamos. Não sei ao certo qual será o gatilho no caso da ciência, mas suspeito que terá a ver com a educação – uma área que está madura para uma mudança paradigmática em muitos níveis, e na qual o ensino de ciência e de matemática é praticamente um garoto-propaganda de políticas e práticas equivocadas.

Quando lhe perguntaram com que frequência a ciência muda e adota novas ideias, Max Planck disse: "a cada funeral". E, para o bem ou para o mal, eles acontecem com bastante regularidade.

3
A BASE CIENTÍFICA DO FRACASSO

As coisas desmoronam, isso é científico.

David Byrne

O fracasso deve acontecer. A própria ciência o diz. Nada menos que a segunda lei da termodinâmica exige isso. Com a segunda lei da termodinâmica não se discute. Quero dizer, de fato, alguém seria capaz de encontrar um nome mais assustador do que segunda lei da termodinâmica? Quem quer se envolver com uma coisa dessas? Sempre senti que ela tinha uma espécie de toque do Antigo Testamento a dizer "não mexa com essa fruta". Mas ficar assustado com isso seria uma pena, porque embrulhadas nesse apelido assustador estão algumas ideias elegantes e essenciais. E elas são muito úteis para entender o fracasso corretamente.

Essa *lei* de nome assustador é apenas a explicação formal do termo *entropia*. Ora, esta pode ser mais uma palavra de tom um tanto obscuro, mas, na verdade, é um conceito muito simples e muito intuitivo – ainda que lhe tenha sido apresentado no seu livro de física do ensino médio. Eis o que a entropia é, principalmente. Você sabe como a sua mesa, o seu quarto, a sua casa, o seu escritório ou o seu carro sempre estão uma bagunça, por mais

40 STUART FIRESTEIN

que você tente organizá-los? Bem, o motivo disso é a entropia – e a segunda lei.

Entenda, há um número limitado de modos como a sua mesa, o seu quarto, a sua casa ou o seu carro podem ser arrumados e organizados. Mas há um número ilimitado, possivelmente infinito, de modos como podem ser bagunçados. Os livros, por exemplo, ficam na estante, e essa é a única maneira de organizá-los. Mas eles podem estar praticamente em qualquer outro lugar da sua casa, e todos esses lugares seriam incluídos na coluna desorganizada. Se você pensa como o dono de um cassino de Las Vegas, há um número limitado de modos como ganhar e um número enorme, talvez infinito, de maneiras de perder – então, o que é mais provável que aconteça com mais frequência e onde a casa faz a sua aposta? O mesmo com a sua escrivaninha: muitas maneiras de bagunçar e somente algumas de estar arrumada. Claramente, então, é muito mais provável que ela esteja em um dos numerosos estados mal-arrumados e muito menos provável que esteja em um dos muito menos numerosos estados bem-cuidados. Ora, eis a surpresa. A mesma coisa é válida em todo o Universo. E é isso que diz a segunda lei da termodinâmica, e a entropia é um modo de medir toda essa desordem. Poderíamos chamar isso de fator desleixo, mas, no caso, *entropia* é mais elegante, ainda que um pouco mais exotérica. Então, na próxima vez que alguém sugerir que você limpe a sua escrivaninha, o seu carro ou qualquer outra coisa, limite-se a responder que se trata de uma batalha sem esperança contra a entropia e que a culpa não é sua.

O mesmo fator entropia está em ação no fracasso. O fracasso é o resultado esperado conforme a segunda lei da termodinâmica. Há muito mais modos de fracassar do que de ter sucesso. Este, por definição, deve ser muito limitado. O fracasso é o padrão. O sucesso requer uma confluência incomum, mas possível, de fatos em que a entropia fica temporariamente invertida. Isso lembra a famosa observação de Tolstói que todas as famílias felizes são iguais, mas cada família infeliz é infeliz à sua maneira. Pode-se chamar isso de fator Anna Kariênina, uma espécie de equivalente literário de entropia. Veja que Tolstói sentia que as coisas mais interessantes para investigar, explorar e sobre as quais escrever eram os vários modos pelos quais as famílias não tinham sucesso, não eram felizes. A sua inspiração brotava da miríade de maneiras pelas quais as coisas davam errado. Não é tão diferente na ciência.

Ora, devido a toda essa variação, é verdade que os fracassos, na sua maioria, não são assim tão úteis. Reitero, trata-se apenas de probabilidade. Mas, como no caso de uma escrivaninha arrumada, inserindo alguma energia (por exemplo, limpando-a), é possível inverter a segunda lei aqui e acolá pelo menos temporariamente – localmente, como diriam os físicos. Eis por que, por exemplo, temos esse muito organizado estado da matéria chamado ser humano, no qual muita energia vai lutar contra as forças da desordem. É claro que a segunda lei sempre acaba vencendo e, assim, envelhecemos e nos tornamos fisiologicamente mais desorganizados, coisa também conhecida como doentes, e depois terminalmente desorganizados. Pó ao pó.

Os fracassos úteis são uma espécie de pequena trapaça na entropia. Não é fácil, como você pode imaginar, trapacear na segunda lei... Nós fazemos isso por meio da seleção, da inteligência e do que pode ser conhecido como *feedback* – ou, em termos um pouco mais técnicos, correção de erro, mas creio que ainda compreensíveis. Quando você soma os dois lados do livro-razão e inclui tudo, então a entropia geral, a desordem, no Universo ainda está aumentando de acordo com a segunda lei. Você está roubando Peter para pagar Paul. Mas, que diabo, é assim que as coisas funcionam. Vamos ver exatamente como.

Os fracassos proporcionam certo tipo de *feedback* que então é usado em um processo que denominamos correção de erro. Com esse simples nó no lugar, saber que algo não funciona pode ser tão valioso quanto saber que funciona. Uma vez mais, é claro que há, provavelmente, muito mais maneiras de algo não funcionar, de modo que é mais difícil projetar um experimento que relate exatamente o que não está funcionando. Pode ser mais difícil, mas também provavelmente mais valioso. Muitas vezes é necessária uma série de experimentos para restringir o fracasso. Os primeiros deixam muitas opções abertas, de falhas técnicas a equívocos fundamentais. Então você volta e tenta pensar em todas as coisas que podem ter levado ao fracasso e tenta corrigi-las. Frequentemente, você só consegue determinar o que levou ao primeiro fracasso quando tiver feito mais experimentos que falham. Terá de fazer experimentos só para revelar a verdadeira natureza do fracasso.

Se tudo isso lhe parecer desesperador ou exaustivo, deixe-me assegurar que é justamente o contrário. Rastreando o fracasso é que você é mais criativo. Projetar experimentos para identificar fracassos exige inteligência e astúcia. Você tem de estar no estado de espírito mais crítico. É o mais próximo que um cientista pode chegar de Sherlock Holmes. Nada pode ser descartado diante do fracasso. A menor pista pode ser o elemento-chave. O que está faltando é tão importante quanto o que está presente. Há um universo de possibilidades. E, de fato, há inúmeros casos de descobertas importantes sendo feitas porque o experimento fracassado revelou um novo conjunto de possibilidades que você nem tinha percebido que existiam. Isso às vezes é confundido com serendipidade, uma noção que, desde que surgiu, eu gostaria de ter um momento para questionar.

A serendipidade é uma ideia popular nas narrativas científicas. É absurdo o número de ganhadores do prêmio Nobel que afirmam, com falsa ou autêntica modéstia, que as suas descobertas foram quase totalmente fortuitas. Mas acho que isso é essencialmente errado. Conceito encantador, o termo *serendipidade* foi cunhado por Horace Walpole, um "homem de letras", por volta de 1754. Ele tirou a palavra de um conto de fadas intitulado "Os três príncipes de Serendip", no qual, os príncipes do que hoje é o Sri Lanka ou Ceilão, viajam mais ou menos sem rumo e coisas maravilhosas lhes acontecem. O próprio Walpole chamou-o de um conto bobo, mas serendipidade, que significa boa sorte não planejada, alcançou recentemente uma popularidade considerável. Ao ler relatórios científicos no jornal, você pode pensar que a metade das descobertas relatadas foram fortuitas. Às vezes, pode se tratar meramente de humildade cortês, porém, muitas vezes, acho que os cientistas realmente acreditam que houve um golpe de sorte crucial e até mágico que lhe trouxe a descoberta, e não a outra pessoa igualmente talentosa.

FRACASSO **43**

Pode ser assim, mas é fundamental lembrar que, ao contrário da versão de Walpole dos três príncipes afortunados e frívolos, na ciência, você tem de trabalhar para que essas bênçãos cheguem. Os advogados e os financistas não fazem descobertas científicas fortuitas; os cientistas que trabalham as fazem, e muito. E, mesmo nesse caso, raramente um cientista faz uma descoberta fortuita em um campo diferente do seu. Na verdade, a maioria das chamadas descobertas serendipitosas são feitas através do fracasso. Algo não funciona do modo como você pensou que funcionaria e a exploração dos motivos disso leva ao resultado inicialmente inesperado e agora surpreendente. É a própria intensidade do rastreamento de uma falha que o obriga a reconsiderar o que você está fazendo nos níveis mais básicos. E, quanto mais fracassa, mais você tem de cavar até os fundamentos, às vezes desistindo de ideias e conceitos que você tinha certeza de que foram estabelecidos além de qualquer dúvida razoável. E, então, bingo: eis a resposta nova escondida atrás de todos aqueles fracassos. Pode parecer serendipidade, e é possível que você se sinta como um príncipe encantado (ou princesa), mas isso é porque você implorou àquele lugar em que o inesperado substitui o esperado. Ok, afinal, talvez isso seja um pouco charmoso.

Um dos exemplos clássicos desse tipo de serendipidade – isto é, serendipidade oriunda do fracasso – foi a descoberta da radiação cósmica de fundo em micro-ondas (RCFM). Digo clássico porque é a história de um fracasso de um ano que resultou em um prêmio Nobel. Resumindo, Arno Penzias e Robert Wilson, dois astrônomos em atividade nos famosos Laboratórios Bell, em Nova Jersey, na década de 1960, construíram um novo radiotelescópio supersensível para registrar sinais fracos de regiões distantes da galáxia. Mas o instrumento estava infestado de ruído estático – exatamente do tipo que você obtém quando o seu rádio não está perfeitamente sintonizado. Eles consideraram todos os tipos de fontes para o "artefato" de ruído – a proximidade da cidade de Nova York, bombas nucleares, clima, cocô de pombo nas partes externas do aparelho (descrito por Penzias como "material dielétrico branco") –, mas nada disso podia explicar o ruído persistente, embora fraco. Depois de mais ou

44 STUART FIRESTEIN

menos um ano às voltas com isso, eles entraram fortuitamente em contato com um teórico de Princeton chamado Robert Dicke, que previu que esse mesmo tipo de ruído seria esperado como o remanescente energético do Big Bang que deu início ao Universo. Na verdade, a descoberta dessa radiação de fundo provou essencialmente a teoria do Big Bang.

É importante salientar que outros fizeram previsões semelhantes já no final da década de 1940, e um grupo de cosmólogos russos teve um resultado semelhante quase ao mesmo tempo que Penzias e Wilson. Entenda, tudo estava pronto para acontecer; só era necessário um bom fracasso para que houvesse avanço. Penzias e Wilson receberam o prêmio Nobel em 1978 (mas não Dicke; essa é outra história) pela "descoberta" da radiação de fundo de micro-ondas. Agora a história costuma ser contada como se fosse apenas muita sorte. Mas, na verdade, muitos cientistas trabalharam intensamente durante um período de vários anos para descobrir isso, e uma enorme quantidade de ciência tinha sido feita para tornar a resposta sensata quando finalmente apareceu.

Como observou Louis Pasteur (ele próprio um destinatário de considerável "serendipidade"): "O acaso favorece a mente preparada". Eu acrescentaria um corolário a isso, que o meu colega Tristram Wyatt deixou escapar durante um jantar de comida indiana em Londres: "O fracasso favorece a mente preparada!". Nós estávamos, é claro, mergulhados em uma discussão animada sobre os pontos mais delicados das descobertas científicas quando esse pensamento serendipitoso simplesmente apareceu.

Então, se você acha que o acaso é um fator importante nas descobertas científicas, realmente deveria pensar que o ingrediente importante é o fracasso. A ciência não progride por uma serendipidade simples e encantadora, e sim por acidentes contundentes, fracassos extremos e muito trabalho de reparação.

O fracasso, nessa perspectiva, é um desafio, quase um esporte no modo como ele aumenta a sua adrenalina. Descobrir por que este ou aquele experimento falhou torna-se uma missão. É você contra as forças do fracasso. Vai precisar de energia, estratégia, habilidade.

Há uma grande urgência, mas é preciso aplicar uma paciência tremenda. Você consegue ver o estado de espírito exaltado em que um bom fracasso pode colocá-lo? Pode ver como a possibilidade de uma descoberta importante é mais provável que aconteça nesse estado do que quando você está simplesmente tabulando os resultados de um ensaio experimental "bem-sucedido"? De fato, o fracasso realmente favorece a mente preparada e prepara essa mente.

Não quero que você pense, como bem pode pensar, que ter escrito um livro intitulado *Fracasso* – defendendo que o fracasso é bom e muitíssimas vezes desconsiderado, em detrimento nosso – que sou de algum modo contra o sucesso. Como dizem, não se pode discutir com o sucesso. Só estou dizendo que, de vez em quando, uma boa discussão é exatamente o que é necessário e, se você não pode discutir com o sucesso, certamente pode fazê-lo com o fracasso. A segunda lei que se dane.

4
O SUCESSO IRRACIONAL DO FRACASSO

*A frase mais emocionante de se ouvir na ciência
não é "heureca", e sim "hum, é engraçado...".*

Isaac Asimov

Em um livro sobre o fracasso, uma coisa que temos de admitir é que a ciência tem sido absurdamente bem-sucedida. Especialmente nas últimas catorze gerações, mais ou menos. Isso não passou despercebido pelos filósofos, historiadores, jornalistas ou mesmo cientistas. O físico Eugene Wigner deu uma famosa palestra chamada "A eficácia irracional da matemática nas ciências naturais" (e a publicou como ensaio em 1960). Nele, Wigner se mostra maravilhado com o sucesso das formulações matemáticas na descrição do mundo físico – muitas vezes de maneiras que não eram pretendidas nem esperadas pelos seus autores. As leis matematicamente expressas de Galileu de corpos caindo no norte da Itália podiam se estender, através do cálculo de Newton, a objetos planetários no espaço e até mesmo a estrelas e galáxias distantes, de fato, a concentrações de massa em qualquer lugar do Universo. Não está nada claro por que isso há de ser assim, e, no último parágrafo, Wigner sugere que "se trata de um presente maravilhoso que não compreendemos nem

48 STUART FIRESTEIN

merecemos. Cabe-nos ser gratos e esperar que isso continue válido na pesquisa futura e se estenda, para o bem ou para o mal, ao nosso prazer, embora talvez também, à nossa perplexidade, a amplos ramos do aprendizado".

As suas reflexões filosóficas sobre esse assunto suscitaram muitos comentários e a produção de artigos afins de cientistas de muitos ramos de estudo além da física – da matemática à biologia e à computação. O físico David Deutsch, no seu grande e abrangente livro sobre a ciência moderna *The Beginning of Infinity* [O início do infinito], aponta para a rápida aceleração no ritmo dos avanços científicos e técnicos nos últimos quatrocentos anos, especialmente em comparação com a taxa de progresso dos primeiros 5 mil anos da história humana, quando os seres humanos tinham o mesmo poder cerebral que temos atualmente. Imagine, a Idade do Bronze durou cerca de 2 mil anos. Durante 2 mil anos, mais de cinquenta gerações de pessoas – pessoas com o mesmo cérebro que você tem – nasceram, viveram e morreram sem uma mudança apreciável na tecnologia. Não preciso lhe dizer quantas vezes troquei telefones/computadores/carros e assim por diante somente nos últimos dez anos.

Os filósofos levaram muito a sério a questão de por que a ciência é tão bem-sucedida, sendo que alguns foram longe a ponto de afirmar que devia haver uma explicação científica para o porquê disso. O filósofo J. R. Brown, em um ensaio intitulado "Explaining the Success of Science" [Explicando o sucesso da ciência], cita os modos pelos quais a ciência é perfeccionista, inclusive as suas realizações tecnológicas, a sua praticidade para construir pontes e curar doenças, o seu valor de entretenimento (tantas boas histórias de descoberta) e o seu êxito em extrair o dinheiro dos impostos de todos nós (quando lhe perguntaram no que a eletricidade poderia ser usada, Michael Faraday disse que não sabia, mas, com certeza, a rainha daria um jeito de tributá-la – o que obviamente foi profético). Mais a sério, Brown enumera três ideias geralmente aceitas sobre as teorias bem-sucedidas na ciência: (1) elas são capazes de organizar e unificar uma grande variedade de fenômenos observados; (2) melhoram a compreensão dos dados existentes sobre as teorias anteriores; e (3) fazem um número significativo de previsões que dão certo – isto é, são melhores que a adivinhação. Essas circunstâncias parecem ser razoáveis.

É importante dizer aqui, porém, que a palavra *verdade* não deu o ar da sua graça. Quero dizer, a ciência não tem a ver com a descoberta da verdade? Não é bem-sucedida por descobrir como as coisas realmente funcionam? Quando você vai direto ao assunto, não é isso que queremos dizer com sucesso na ciência? Ou seja, nós descobrimos algo que era verdade. De fato, é mais como VERDADE com maiúsculas. Se fosse tão fácil.

Na ciência, muitas vezes tentamos descobrir se alguma coisa ou algum fato causa outra coisa ou outro fato, geralmente porque notamos que a primeira coisa é frequentemente seguida pela segunda. A pergunta importante a se fazer é se a primeira coisa é *suficiente* e *necessária* para causar a segunda. Suficiente *e* necessária. Frequentemente, muito frequentemente, você só pode mostrar uma ou a outra. A natureza é inexplicavelmente mesquinha quando se trata de causas *versus* correlações. As correlações são as enteadas fracas das causas – e pregam peça na gente o tempo todo. Porque o fato de duas coisas acontecerem próximas uma da outra no tempo não significa necessariamente que uma seja a causa da outra, ou, aliás, que uma deva alguma coisa uma à outra. Por outro lado, às vezes, essa associação pode ser um sinal real de causalidade. É aqui que entram a necessidade e a suficiência.

Assim, pode ser que você descubra que o acontecimento A é suficiente para causar o acontecimento B, mas não é necessário – outras coisas também podem causar B sem A. Ou A é necessário, mas não suficiente – A tem de estar presente, mas, por si só, não pode fazer B acontecer. Eu menciono tudo isso porque devemos fazer essa pergunta a respeito da verdade e do sucesso se pensarmos que a primeira explica o segundo. A verdade é tanto necessária quanto suficiente para o sucesso na ciência?

Se você pensar um pouco nisso, bem, talvez mais do que um pouco – vai descobrir que, notavelmente, não é necessária nem suficiente. Uma resposta surpreendente, pelo menos para mim. A ciência

50   STUART FIRESTEIN

tem muitos sucessos em seu abono que posteriormente acabaram se revelando não verdadeiros ou não inteiramente verdadeiros. E, muitas vezes, ficamos felizes por ter algo que é insuficiente para explicar tudo em uma observação, mas funcionará por ora. Eu até chegaria a dizer que as grandes verdades, repletas de necessidade e suficiência, podem ser um estorvo para a ciência. Pelo menos, a busca de tais coisas seria um estorvo para a natureza dinâmica da prática científica. No fim das contas, podemos exigir o tipo de verdade que provém de mostrar tanto a necessidade quanto a suficiência, mas quem sabe quando "no fim das contas" chegará?

Geralmente se aceita que o maior sucesso na biologia é a explicação darwiniana de como as espécies se originaram e, com isso, como as coisas vivas vieram a ser o que são – como a evolução trabalhou para produzir, "a partir de um começo tão simples, uma infinidade de formas lindíssimas e maravilhosíssimas...". Mas Darwin não teve a última palavra. O conceito de evolução continuou a evoluir, incorporando novas descobertas em campos desde a paleontologia até a biologia molecular, a ciência da computação e outros. A teoria de Darwin está sob revisão constante. Inquestionavelmente, ele acertou no básico, a incrível percepção de que, a partir da aleatoriedade e da probabilidade, com um processo de *feedback* (não está claro o nome que ele deu a isso), pode surgir ordem do mais alto nível. Porém, muito do que hoje chamamos de teoria da evolução não figurava nos escritos de Darwin. Ele era um pensador cuidadoso e excessivamente cauteloso. Tardou mais de vinte anos a publicar, e é perfeitamente possível que nunca tivesse chegado a isso se não fosse forçado, ironicamente, pela concorrência, a "apressar" a publicação do seu manuscrito. Portanto, não há muita coisa errada em *A origem*, mas a obra certamente é incompleta.

Uma das coisas quiçá mais flagrantes é não haver menção à palavra *gene*, um termo então desconhecido. Darwin admite a sua ignorância do que poderia ser a "partícula" hereditária, e todas as suas especulações posteriores estavam muito erradas. Não é que lhe faltasse a informação. Mais ou menos na mesma época de Darwin, Gregor Mendel demonstrou como a herança geracional funciona por

FRACASSO **51**

meio de cruzamentos que transferem genes de características específicas entre plantas individuais. Mas Darwin não tinha menos informações sobre a herança do que Mendel, não lhe faltava nenhuma tecnologia especial desenvolvida por Mendel, ele não carecia de dinheiro ou de recursos. Não há motivo pelo qual Darwin não haja podido lançar um programa experimental parecido com o de Mendel. Na verdade, muitas vezes se dá destaque à obra de Mendel pela simplicidade (ainda que isso em certas ocasiões seja um exagero, pois os seus experimentos clássicos eram muito trabalhosos e exigiam mais de sete anos de lida). E Darwin era famoso pelos seus interesses e habilidades botânicos e também fazia experimentos com plantas. Então como ele não descobriu os genes? E não foi só Darwin. Toda a comunidade de protogeneticistas falhou em reconhecer que a obra de Mendel não se limitava à hibridização das plantas. O seu *insight* brilhante sobre as leis da herança não foi reconhecido durante uns 35 anos – até a sua dita redescoberta em 1900. Não é uma crítica a Darwin. Ele contou com a companhia de muitas grandes mentes ao longo da história nesse mistério surpreendentemente duradouro de não enxergar a solução óbvia bem debaixo do seu nariz.

Uso Darwin como exemplo em virtude da sua posição superior no panteão de biólogos e cientistas em geral. Entre os pensadores revolucionários, Darwin se equipara a Galileu, Newton e Einstein. E os seus companheiros nessa lista, ou em qualquer lista de cientistas talentosos que você queira fazer, não eram mais imunes que ele ao fracasso. Há falhas graves – erros, ideias falsas, falta de *insights* – em todos os trabalhos deles. Mas é precisamente nesses empreendimentos malogrados que obtemos o sucesso irracional da ciência. Se isto soa como uma contradição, que seja. Há muitas verdades nas contradições.

Naturalmente, é fácil ver tudo isso em retrospectiva. Mas convém ter cuidado com essa frase. Embora Darwin possa estar na nossa retrospectiva, um dia nós estaremos na retrospectiva dos nossos alunos. É difícil saber o que não estamos enxergando bem debaixo do nosso nariz e que parecerá tão óbvio para uma geração futura. É aqui que se faz a conexão entre a ignorância e o fracasso.

52 STUART FIRESTEIN

Os nossos fracassos nos falam na nossa ignorância remanescente, e a nossa ignorância produz os nossos fracassos. E assim por diante, neste motor cíclico que, ocasionalmente, cospe conhecimento de primeira ordem.

A ciência continuará a ser tão bem-sucedida? Essa aceleração dos últimos quatrocentos anos é apenas o começo, como diria David Deutsch? É sustentável? Acaso a aceleração incorporada na ciência, as descobertas que levam a cada vez mais descobertas em um acúmulo exponencial – quanto mais sabemos, mais podemos saber? A ciência, iniciada no século XVII e ainda dedicada aos seus métodos fundamentais, sobreviverá à turbulência política do mundo moderno? A ciência surgira antes, apenas para desaparecer durante prolongados períodos. Algo que reconheceríamos como ciência surgiu outrora na Ásia, na Arábia, na Mesopotâmia, no Egito, em Roma, na Mesoamérica maia – e então, por motivos obscuros, simplesmente deixou de existir. Sem mais nem menos. E isso pode acontecer novamente, aqui e agora. A ciência pode parecer que está aqui para ficar, enorme e demasiado bem-sucedida para fracassar, mas tomemos um exemplo recente como o regime de setenta anos da União Soviética: grande parte da ciência soviética foi distorcida a ponto de ficar irreconhecível pelo suposto serviço ao povo. Se a visão soviética tivesse prevalecido, a ciência seria bem diferente da que presenciamos hoje. E, somente alguns anos antes disso, a Alemanha de Hitler desmantelou aquele que podia ter sido, indiscutivelmente, o maior estabelecimento científico que o mundo já viu, simplesmente expulsando a metade dos seus cientistas por serem judeus, e obrigando os outros a trabalhar na produção de tecnologias destrutivas.

Para ter certeza de que isso não acontecerá novamente, devemos examinar cuidadosamente como aconteceu no passado. Uma breve perspectiva histórica será instrutiva aqui.

Do século VIII ao XII d.C., enquanto a Europa se arranjava durante a chamada com excesso de dramaticidade Idade das Trevas, a ciência no planeta Terra podia ser encontrada quase exclusivamente no mundo islâmico. Ela não era exatamente como a nossa

ciência hoje, mas decerto a antecedeu e, entretanto, era uma atividade destinada a conhecer o mundo. Os califas governantes outorga-
vam recursos tremendos às instituições científicas, como bibliotecas,
observatórios e hospitais. Grandes escolas em todas as cidades situa-
das no Oriente Próximo árabe e no Norte da África (e até mesmo
na Espanha) formaram gerações de estudiosos. Quase todas as palavras do léxico científico moderno que começam com o prefixo "al"
devem sua origem à ciência islâmica – algoritmo, alquimia, álcool,
álcali, álgebra. E então, pouco mais de quatrocentos anos depois de
iniciada, ela se fixou em uma aparente paragem e, cerca de algumas
centenas de anos depois, aquilo que hoje reconheceríamos, inequi-
vocamente, como ciência surgiu na Europa – com Galileu, Kepler
e, um pouco mais tarde, Newton.

O que aconteceu então? Essa é uma pergunta muito debatida
entre os historiadores da ciência. A partir de uma perspectiva com-
parativa muito ocidental, não faltou quem propusesse que a ciência
árabe foi tão longe quanto pôde e precisou que os europeus pegas-
sem a tocha e a levassem aos pináculos do conhecimento que ela
alcançou hoje. É claro que isso não passa de chauvinismo ideológico.
A vida mental europeia do século XII estava longe de ser um modelo
de pensamento livre e de investigação desinibida.

Patricia Fara, historiadora da ciência de Cambridge, adotando
uma perspectiva muito imparcial, indica que a ciência islâmica
tinha um propósito diferente e, portanto, uma abordagem diferente da visão científica que se desenvolveu no Ocidente. A ciência
islâmica se baseava no acúmulo de conhecimento com o propósito
de compreender Deus através do seu Universo. Interessava-se, como
diversas tradições anteriores que precederam a ciência moderna,
pelo bem-estar da alma e pela compreensão da divindade do Universo, e muito menos por manipulá-lo. Grandes bibliotecas foram
construídas e abastecidas com enciclopédias que foram estudadas
por gerações e gerações de estudiosos. O conhecimento era o caminho para Deus, e alcançá-lo era o processo de salvação. O objetivo
da ciência era acumular, classificar e organizar o conhecimento de
que os homens precisavam para se realizar espiritualmente.

54 STUART FIRESTEIN

Fara mostra que o acontecimento culminante na ciência árabe foi a publicação do *Livro da cura* de Abū 'Alī al-Ḥusayn ibn 'Abd Allāh ibn Al-Hasan ibn Ali ibn Sīnā, ou Ibn Sīnā, para abreviar. Ele era um polímata persa que também atendia pelo nome latinizado Avicena (uma espécie de bastardização fonética de Ibn Sīnā). O *Livro da cura* não era um texto médico, e sim uma enciclopédia de tudo quanto se sabia. Lê-lo curaria a sua ignorância. Nobre como a tarefa devia parecer a Avicena, as compilações de fatos não impulsionam a ciência. Na verdade, elas têm como sufocá-la. E a última coisa que você quer "curada" é a sua ignorância. A ciência islâmica não fraquejou; atingiu o seu objetivo.

Ora, isso não é trivial porque se atribuiu e ainda se atribui uma grande importância à posse da "visão de mundo completa". Essa é principalmente a província da religião, mas a ciência é usada com muita frequência ao seu serviço também. Como você deve ter imaginado, considero essa ideia uma estratégia falida e muito provavelmente o resultado de uma fraqueza emocional inserida em alguma parte menos útil do nosso pobre cérebro de caçadores-coletores. Isso não é o que faz a ciência funcionar, e sim o que a faz parar. Uma vez mais, descobrimos que as melhores intenções – coletar fatos, examinar os grandes pensadores, ou pelo menos os prolíficos, e estabelecer verdades – é antitético à prática da ciência. A ciência cresce no húmus da perplexidade, do espanto, do ceticismo e da experimentação. Qualquer outro caminho leva ao fim, à ossificação e a crenças infundadas.

"Sabei estas coisas e estais salvo" pode ter sido o propósito dos primeiros esforços protocientíficos, mas a ciência não promete a salvação que não pode propiciar. Não pretendo afirmar que não temos uma dívida enorme com os filósofos-cientistas gregos que desenvolveram a geometria e as primeiras versões da astronomia e da navegação, ou com os árabes que desenvolveram a álgebra e preservaram e organizaram os grandes escritos dos antigos, ou com os chineses que, aparentemente, conheceram o magnetismo muito antes do Ocidente, ou com o clero e com os escribas da Idade Média que traduziram os textos árabes para o latim, preservando assim uma continuidade do pensamento desde o mundo antigo até o Renascimento. Mas, no fim, os seus modelos de ciência falharam em abraçar a ignorância e o fracasso como suas forças motrizes, e o esforço foi guiado não pela experimentação e o empirismo, e sim pelos desejos filosóficos e espirituais.

Vou terminar este capítulo com uma carta escrita por Albert Einstein em resposta a uma pergunta sobre por que ele pensava que a ciência se desenvolveu muito mais no Ocidente do que no Oriente. Nessa época, Einstein era famoso; havia se tornado praticamente o símbolo da ciência durante um dos maiores períodos históricos dos avanços científicos. Porém, mesmo assim, ele se mostra profundamente consciente da fragilidade de tudo. Devemos levar a sério o seu aviso.

23 de abril de 1953
Sr. J. E. Switzer,
San Mateo, Califórnia

Caro senhor,
O desenvolvimento da Ciência Ocidental baseia-se em duas grandes conquistas, a invenção do sistema lógico formal (em geometria euclidiana) pelos filósofos gregos e a descoberta da possibilidade de descobrir a relação causal pelo experimento sistemático (Renascimento). Na minha opinião, não podemos nos surpreender com o fato de os sábios chineses não terem dado esses passos. O surpreendente é que essas descobertas tenham sido feitas.

Atenciosamente,

A. Einstein
(Reimpressa em Derek J. de Solla Price, *Science Since Babylon* [A ciência desde a Babilônia]. New Haven, CT: Yale University Press, 1961.)

5
A INTEGRIDADE DO FRACASSO

*O propósito da ciência não é enganá-lo – e você é
a pessoa mais fácil de enganar.*

Richard Feynman

Ainda há outro modo, e talvez não tão óbvio, pelo qual o fracasso
é a chave do empreendimento científico. Ele tem a ver com a integridade da ciência. E com a integridade dos cientistas. Não me refiro
à má conduta científica ou à fraude, que tenho certeza de que é a
primeira coisa que lhe ocorre. Essas são preocupações importantes,
embora eu deva dizer que a reação aos poucos casos notórios em que
um conflito de interesse ou uma fraude foi realmente comprovada
resultou, não surpreendentemente, em uma canhestra rede de políticas que ameaçam retardar a pesquisa para um rastreamento sob o
peso de inúmeros controles administrativos. Mas esse alarido tem
de esperar outra ocasião, pois não é sobre esse tipo de integridade
legalista que pretendo falar aqui.

Simplificando, até que ponto o sucesso é confiável se não houver possibilidade suficiente de fracasso? O sucesso se torna mais
bem-sucedido e, muitas vezes, mais interessante quanto mais difícil for de obter, quanto mais provavelmente o processo que levou a

58 STUART FIRESTEIN

ele podia ter levado pelo contrário ao fracasso. Tratando-se disso, eu sempre penso no golfe a esse respeito e em uma brilhante apresentação do esporte pelo falecido Robin Williams. Nela, o ator tenta explicar as regras a alguém, e cada regra faz o jogo parecer mais difícil e improvável do que a anterior. Começa de modo bastante simples – você usa um taco para impulsionar uma bola para que caia em um buraco. Em uma série de esclarecimentos de regras cada vez mais absurdas, ele nos diz: não, não, uma bolinha em um buraquinho com um taco torto muito fino – a trezentos metros de distância. E, de algum modo, isso o torna um jogo tão divertido de praticar.

Do mesmo modo, pode-se imaginar que toda a instituição da ciência, toda a infraestrutura – a metodologia, a pedagogia, a prática diária e a literatura –, existem para tornar o fracasso possível e até provável, sem que seja absolutamente fatal. O risco do fracasso não é reduzido, nem o risco potencial para a carreira e a posição. Mas, quando bem-feito, o fracasso pode ser um resultado aceitável. E o que significa esse *quando bem-feito?*

Andrew Lyne é um astrônomo que desenvolveu um método para detectar planetas em torno de outras estrelas e depois pensou que havia encontrado o primeiro planeta fora do nosso sistema solar. Na véspera de relatar essa descoberta na Sociedade Astronômica Americana, ele se deu conta de que havia cometido um erro fatal nos seus cálculos e que absolutamente não descobrira o primeiro exoplaneta. Ele ministrou a sua palestra no dia seguinte admitindo o seu erro, e foi saudado pelos colegas com uma ovação de pé pela sua coragem e honestidade. A propósito, o seu método estava correto e permitiu a descoberta subsequente de vários exoplanetas – por outros pesquisadores. Isso é fracassar corretamente.

A possibilidade, até mesmo a probabilidade, de fracasso exige do cientista um nível de integridade e responsabilidade pessoal, uma disposição para acompanhar os dados, funcionem como funcionarem, para levar os resultados aonde eles forem – inclusive a lugar algum. E isso significa que pelo menos parte do motivo da escolha de determinada questão será a sua dificuldade, a sua probabilidade de fracasso. Se esta não for uma parte crucial de como o cientista procede, as alegações que um cientista, qualquer cientista, faz sobre a veracidade do que quer que seja são, em última análise, vazias ou, pior ainda, enfadonhas.

Outra maneira de pensar nisso é considerar o que esperamos de um cientista. A concepção popular parece ser a de que os cientistas resolvem problemas. Obtêm respostas a perguntas e, quanto melhores forem nisso, melhores cientistas são. Mesmo arriscando ser repetitivo, é claro que você sabe que eu não acho que isso seja verdade. *Encontrar problemas* – bons problemas, problemas relevantes, problemas importantes – isso é o que faz um bom cientista. E de onde vêm esses problemas? Dos nossos fracassos, é claro. Os fracassos são a fonte mais confiável de novos e melhores problemas. Por que *melhores*? Porque agora eles foram refinados pelo fracasso. Sabemos o que não sabemos. E, com essa ignorância nova e destilada, podemos ver mais claramente qual é a questão decisiva.

Todo cientista está à altura desse padrão? E note que eu não estou falando em padrão de ética, e sim em padrão de coragem. Talvez não. Mas a maioria deles tem de estar para que todo o sistema funcione. Ainda que o meu raciocínio aqui seja reconhecidamente um tanto circular, a ciência parece estar funcionando, por isso eu aposto que a maioria dos cientistas atende a esse padrão. A coragem normalmente não é considerada uma parte do *kit* de ferramentas científicas, mas fazer uma previsão arriscada, mostrar integridade diante de provas crescentes contra você, requer coragem.

Como os cientistas chegam a essa visão? Não conscientemente, creio eu. E, infelizmente, não graças aos cursos de ética, na maior parte superficiais, que os pós-graduandos são obrigados a aguentar e que, geralmente, são uma reminiscência da autoescola para infratores do trânsito – uma repetição de praticamente todas as coisas que você já sabia ou devia ter o bom senso de saber. Pelo contrário, isso vem da observação e do envolvimento com a prática da ciência. Uma prática em que não tarda a ficar evidente que o fracasso é o resultado mais comum. Até no trabalho rotineiro de laboratório acontecem coisas engraçadas. Reações químicas que deviam ficar azuis, ficam verdes. Hum. Elas deviam não ter reagido ou deviam ter ficado azuis. E agora? Ouvem-se alunos de pós-graduação ou pós-doutorado gemerem em toda parte ao olhar para uma fotografia recém-revelada ou para o monitor do computador – que não mostra o que eles esperavam.

Talvez o melhor lugar para aprender isso seja a reunião de laboratório. Geralmente um evento semanal que costuma envolver doces circulares com um buraco no meio e muito café, a reunião de laboratório é quando todos se agrupam e examinam os dados uns dos outros. Há muitos formatos. Alguns laboratórios revezam os membros, uma pessoa por semana a apresentar um relatório preparado, na maior parte das vezes uma apresentação em PowerPoint, os dados que ela coletou nos últimos meses. Em outros casos, a coisa é menos formal e qualquer pessoa com dados novos apresenta um ou dois resultados de modo bastante aproximado. Outros laboratórios convidam todos a dizer algo sobre as suas descobertas na semana anterior – mesmo que tenham sido unicamente fracassos. Gosto deste último, um dos melhores, claro. Mas, seja qual for o formato usado, a reunião de laboratório trata sobretudo de fracasso, e é o lugar em que o jovem cientista aprende a administrar o fracasso, aprende o valor do fracasso, e realmente o vê em ação. Nela o estudante verá uma variada exibição de atitudes perante o fracasso, desde varrê-lo para debaixo do tapete ("Bem, vamos continuar tentando até que isto funcione") até confrontá-lo e abrir amplamente a discussão sobre as possíveis soluções e interpretações. Esta última logo parece ser a melhor estratégia – mas há ocasiões em que voltar e tentar um pouco mais, não desistir tão rapidamente, também é correto. Então não é preto no branco.

Um amigo e ex-colega de pós-doutoramento do brilhante e pioneiro neurocientista da Cambridge, Alan Hodgkin, contou-me, certa vez, que a melhor maneira de chamar a atenção de Hodgkin era com as coisas que não funcionavam. Ele entrava no laboratório toda manhã e passava pela escrivaninha de cada pessoa e perguntava como as coisas iam. Se as respostas correspondessem mais ou menos como o esperado, Hodgkin aprovava com um gesto da cabeça e seguia em frente. Mas, se você estivesse com problemas, se os experimentos simplesmente não estivessem funcionando, se os dados não admitissem interpretação, Hodgkin tirava o paletó, punha fumo no cachimbo e se sentava para uma longa discussão. Claro está, o que lhe interessava era por que aquilo não estava funcionando. Se funcionasse, era como o esperado. Muito bem, mas então vamos em frente. Se não funcionasse, era fundamental descobrir se o problema era uma questão técnica trivial ou, melhor ainda, um mal-entendido mais profundo que revelasse algum entendimento mais profundo.

É na prática diária da ciência, no burburinho do laboratório, na interação com um mentor (um covarde que chicoteia os resultados impiedosamente para que caiba na preciosa teoria, ou o mais corajoso chefe de laboratório que vê as falhas como oportunidades) – em todos esses modos, o aprendiz aprende a integridade e a coragem da ciência.

O fracasso também é um teste de dedicação. É uma maneira de medir aquilo que o apaixona, a profundidade dessa paixão e até que ponto ela é confiável. A ciência pode parecer metódica, mas exige paixão. A persistência diante do fracasso naturalmente é importante, mas não é a mesma coisa que a dedicação ou a paixão. A persistência é uma disciplina que você aprende; a devoção é uma dedicação que você não pode desconsiderar. A persistência pode superar o fracasso, mas o fracasso testa a devoção. A ciência não é o empreendimento incruento que muitas vezes é retratado na mídia, e é quando o nível de fracasso é alto que você vê as exigências apaixonadas que ela faz aos seus adeptos.

Estas lições serão claras para o aluno sério. E os resultados, pelo menos a longo prazo, também serão claros. Porque é assim que a ciência funciona. Rodando de fracasso em fracasso a fim de tornar os sucessos mais significativos. Se a ciência deve produzir algo mais do que conhecimento trivial, ela deve ser difícil, deve ser suscetível ao que o falecido filósofo John Haugeland chamou de *colisão* entre o teórico e o empírico – o que pensávamos que fosse o caso e o que os experimentos indicam que é de fato o caso. A menos que essa colisão seja possível, ou melhor, provável, quanto a ciência pode alegar ter descoberto ao encontrar aquele caminho estreito que evita

62 STUART FIRESTEIN

a colisão? É famoso o gracejo de T. H. Huxley, que diz que não há nada tão trágico em ciência quanto o assassinato de uma bela teoria por um fato feio (posteriormente, Arthur Conan Doyle colocou essas mesmas palavras na boca do fictício Sherlock Holmes). E acontece muito. Mas o outro lado disso é que não nada tão inspirador quanto o sucesso arrancado das garras do fracasso. Esse é o sucesso mais digno de comemoração.

6
O FRACASSO NO ENSINO

*As coisas da faculdade de que eu mais me lembro
são as perguntas que errei nas provas.*

Kathryn Yatrakis, reitora de
Assuntos Acadêmicos, Columbia College

E se removêssemos o fracasso da equação científica? Afirmei que é um requisito absoluto. Posso sustentar essa alegação? O que aconteceria se nos livrássemos do fracasso? Ora, na verdade, não podemos fazê-lo, mas podemos chegar perto disso – e o fazemos – em duas áreas. Uma é a educação. (A outra é o financiamento, do qual tratarei separadamente.) Ensinamos somente a ciência bem--sucedida, não os fracassos. A nossa educação científica está funcionando? A resposta é facílima – não.

Eis uma espécie de histórico de caso tal como o descreveu um importante filósofo da ciência durante um almoço. Trata-se de uma história verdadeira sobre a sua filha que, muitos anos antes, quando estava na oitava série, chegou à casa e anunciou que já não queria ter nada a ver com a ciência. Como, até então, ela tinha sido uma boa aluna de ciência, ele se sentou ao seu lado e perguntou o porquê dessa conversão repentina. Bem... na aula de física, eles – ela e os seus

64   STUART FIRESTEIN

colegas de classe – tinham recebido um problema relacionado com pêndulos. Dada a equação que descreve o movimento de um pêndulo, pediram-lhe que calculasse a sua energia no ponto mais alto do arco e no ponto mais baixo antes de subir na outra direção. Depois de pensar algum tempo nisso, ela ficou confusa ao perceber que, no ponto mais alto, a inclinação do pêndulo estava perfeitamente estacionária e, portanto, parecia não ter energia alguma. Uma observação que em nada deixava de ser razoável, que a intrigou. Quando ela se dirigiu ao professor e descreveu o problema, em vez de lhe dar uma explicação, ele a mandou seguir em frente e resolver a equação, inserindo o número correto, e não fazer espalhafato por conta dos detalhes. "Vai dar certo", disse-lhe ele.

De fato, os pêndulos têm sido objeto de interesse científico desde Galileu, e, além de Galileu, houve Kepler, Leibniz, Newton, Huygens, Euler e uma série de relojoeiros desconhecidos, mas inteligentes, que haviam passado dois séculos inteiros lutando com a mecânica do pêndulo antes de chegar à versão final da equação que o professor acabava de lhe impor. É óbvio que não se trata de um problema trivial que qualquer tolo devia entender. A não ser, claro, que você considere tolos tipos como Kepler, Leibniz e outros. O fato de agora termos a equação à mão não significa que o processo de compreensão do fenômeno seja transparente. É a maneira de avaliar a diferença entre a energia cinética do pêndulo oscilante e a energia armazenada ou potencial que ele ganha no topo do seu arco, que então volta a ser convertida em energia cinética na oscilação descendente. Essa visão fundamental daquilo que possibilita manter um equilíbrio energético foi e é crucial para entender os princípios cardeais da mecânica que comandam o Universo. O recorde de *dois séculos* de fracassos em chegar à equação correta que descreve o balanço de um pêndulo contribui tanto, muito provavelmente mais, para a compreensão da física quanto inserir números em uma equação.

Caso você ache que isso tudo não passa de uma discussão trivial sobre um enigma obscuro e totalmente acadêmico, o balanço do pêndulo foi o único modo pelo qual mantivemos o cálculo exato do tempo até a invenção do movimento de quartzo na década de 1970 (mais ou menos trezentos anos depois!). E o pêndulo de Foucault, atualmente no Panteão de Paris, foi a primeira demonstração de que a Terra gira em torno do seu eixo e o Sol permanece fixo, ao contrário do que parece (as "provas" anteriores eram inferências feitas a partir de observações astronômicas). Mesmo agora, as investigações modernas de osciladores harmônicos, importantes em dinâmica e teoria atômica, podem ser rastreadas até o pêndulo.

A questão dessa história é que eliminar o fracasso na educação científica elimina a explicação e leva a um comportamento pedagogicamente criminoso como "Basta preencher a equação e resolvê-la para ter crédito total". Perdeu-se um "momento de aprendizado" e, na verdade, se o pai dela não se importasse tanto, o interesse de uma criança pela ciência podia ter sido dissipado para sempre. Cada fato na ciência foi duramente conquistado e tem um rastro de fracassos atrás de si. Esses fracassos não devem ser ocultados; devem ser realçados. Primeiro, porque é assim que a ciência realmente funciona. E, em segundo lugar, porque, se os alunos perceberem que, se as pessoas como Newton, Leibniz *et al.* pudessem não ter compreendido algo, é possível que simplesmente lhes ocorresse: "Ei, talvez eu não seja tão burro, afinal".

Ernst Mayr, no seu livro profundamente perspicaz *The Growth of Biological Thought* [O desenvolvimento do pensamento biológico], defende a importância de uma perspectiva histórica na ciência:

> Somente percorrendo o caminho mais difícil pelo qual esses conceitos foram elaborados – aprendendo todas as suposições erradas anteriores que tiveram de ser refutadas uma a uma, em outras palavras, aprendendo todos os erros do passado – pode-se esperar adquirir uma compreensão realmente completa e sólida. Na ciência, aprende-se não só com os próprios erros, mas também com a *história dos erros alheios*. (Grifo nosso).

Deixar de incluir o fracasso é o que uma cultura de testes gera. Em um teste, você não pede as dez respostas erradas que precederam, necessariamente, a resposta certa. Mas aquelas dez respostas erradas

66 STUART FIRESTEIN

eram uma questão de raciocínio. Falamos em ensinar pensamento crítico aos nossos alunos, mas depois damos crédito a respostas decoradas, sem pensar. O pensamento crítico se desenvolve quando você entende por que as pessoas pensaram a coisa errada durante um longo tempo e chegaram à resposta correta somente por incremento lento ou *insight* repentino. E, na verdade, devo dizer a resposta *atualmente* correta, porque quase certamente uma melhor está por vir. Mesmo ao investigar os pêndulos, que agora contribui com *insights* para o estudo da atividade caótica. (Há todo um projeto chamado International Pendulum Project [IPP], que publica um livro de mais de quinhentas páginas dividido em quatro seções que cobrem a ciência, a história, a filosofia e as perspectivas educacionais do pêndulo!).

Ok, então só pode ser um desastre. Estamos alienando ativamente garotos de treze anos e fazendo um trabalho de primeira classe na destruição de qualquer interesse que eles possam ter pela ciência. Decerto ninguém deseja que isso aconteça. Os professores de ciência que conheci me contam o quanto são infelizes enfiando fatos na cabeça das crianças a fim de prepará-las para a próxima prova. Detestam o que eu e outros passamos a chamar de modelo bulímico de educação científica – abarrotar-lhes a cabeça de montes de fatos para que possam vomitá-los em uma prova e, em seguida, passar para a unidade seguinte sem nenhum ganho mensurável. Eles reconhecem que isso não é ensinar ciência, mas se sentem presos ao sistema.

Seria fácil culpar o sistema, e é claro que lá não falta culpa. Se você for atribuir falha, tem certa obrigação de sugerir soluções. A ciência, mais que qualquer outra matéria, nos obriga a enfrentar esses problemas. Porque a ciência, afinal, tem muitos fatos. Apesar de todo o meu discurso contra a atitude excessivamente santificada em relação aos fatos, neste livro e no anterior, *Ignorância*, a verdade é que a ciência tem fatos, muitos fatos. Há certas coisas que você tem de saber. Há uma parte da educação científica que tem de lidar com a enorme coleção de conhecimento factual que se acumulou nos últimos quatrocentos anos, grande parte durante os últimos cinquenta anos. A base de conhecimento é deveras vasta e está em crescimento, e temos de atualizar os alunos em um tempo relativamente breve. Trata-se de um grande desafio. Em primeiro lugar porque você tem de fazer escolhas sobre quais são as coisas críticas para saber, e muitas vezes não pode simplesmente dar uma lista de coisas sem seu contexto ou pano de fundo. Então só lhe resta ensinar algumas outras coisas para que seja possível entender as coisas realmente importantes. Onde você começa e onde isso termina?

Esse dilema me lembra o comediante Don Novello, que assumiu o personagem fictício de um sacerdote italiano chamado padre Guido Sarducci, que produzia notícias falsas como um correspondente no Vaticano. Em um esquete da década de 1970, Sarducci/Novello anuncia que está abrindo a Universidade de Cinco Minutos, na qual, por vinte dólares, você pode aprender em cinco minutos o que o graduado médio lembra cinco anos depois da formatura – e receber um diploma. Ela inclui até um pequeno recesso de trinta segundos. Isso traz à mente a cena brilhante perto do fim de *O mágico de Oz*, quando o mago desmascarado ainda está se saindo muito bem com as suas promessas a Dorothy e sua turma. Você há de se lembrar que o espantalho queria um cérebro para ter grandes pensamentos. O mágico garante que ele tem um cérebro tão bom quanto qualquer outro, mas a única coisa que lhe falta é... um diploma. Invocando uma autoridade obscura, o mágico lhe confere um diploma (o maravilhoso ThD, Doutor em Pensologia), ao que o espantalho se põe a recitar uma série impressionante de fatos e equações, provando que pode "ter grandes pensamentos".

Essas são sátiras, mas atingem o cerne da questão. Ser educado é uma questão de saber certa quantidade de coisas? E, assim sendo, em quanto e no que essa educação deve consistir? Desconfio que a maioria de nós acredita que não é isso que significa educação ou, pelo menos, espera que signifique mais do que isso, porém, mesmo assim, é o que continuamos a proporcionar aos nossos filhos. E, mais importante e perniciosamente, como os julgamos – e os seus professores. Educação é o que sobra depois que você esqueceu o que aprendeu na escola. Muita gente tem dito isso, de um modo ou de outro, desde o início das escolas.

68   STUART FIRESTEIN

Não sei a resposta. Se soubesse, já lhe teria contado. Mas acho que há lugares por onde começar, e essa é a única coisa que precisamos fazer agora. Temos de experimentar o currículo – e é claro que haverá fracassos. Pelo menos, se fizermos isso com honestidade e seriedade, haverá. Não temos de fazer coisas radicais. Pode haver experimentos incrementais, assim como existem na ciência. Talvez não precisemos de uma "mudança de paradigma". É possível que um pequeno ajuste seja suficiente. Temos de consertar o que pudermos imediatamente, e depois trabalhar nas coisas que ainda restam.

O que é fácil? Primeiro, poderíamos remover a chamada tirania da cobertura. Esta é a noção de que um curso de química deve abranger o máximo possível de química no par de semestres ou períodos a ele atribuídos. O mesmo vale para a física, a biologia, as ciências ambientais ou o que quer que seja. É claro que cobrir tudo é uma pretensão obviamente absurda. Não poderíamos cobrir um campo inteiro, mesmo em um tempo virtualmente ilimitado. Nenhum cientista em qualquer uma dessas disciplinas sabe tudo o que há para saber no seu próprio domínio, muito menos dominar três ou quatro campos. No entanto, usamos livros didáticos maciços que tentam cobrir de modo abrangente, posto que superficial, um campo inteiro. E o que ficará na memória desse rápido passeio pelos edifícios da física, da química ou da biologia? Qualquer um que tenha tido ensino médio (mesmo estudos avançados) ou um curso de física baseado na álgebra pode responder facilmente a essa pergunta. Praticamente nada. Sou biólogo profissional, mas não lembro de quase nada daqueles cursos de física. Conheço um pouco de física porque preciso dela no meu trabalho, mas tive de reaprender o que descobri que eu precisava. Um advogado presumivelmente nunca mais pensará nisso.

Consideraríamos aceitável ministrar um curso de literatura com nada além de resumos e guias? Claro que não. Mas não é essencialmente isso que são os livros didáticos de ciência? Seria conveniente fazer um curso sobre Shakespeare e ler somente resumos dos enredos? Você consegue se imaginar dando um curso sobre *Ulisses* de Joyce sem incluir a leitura aprofundada do texto original, recorrer a material de apoio para situá-lo no contexto histórico e, a seguir, considerar os efeitos de longo alcance na literatura e no romance? Mas são justamente esses elementos que deixamos de lado nos nossos cursos de ciência.

O primeiro passo poderia ser abrir mão da cobertura e simplesmente mudar um pouco o equilíbrio entre a acumulação de fatos e a compreensão através do contexto. Que tal colocar um componente narrativo em cada unidade? Tudo na ciência veio de algum lugar. Tudo que sabemos tem uma história anexada a si, geralmente uma história rica. Nem tanto uma história quanto apenas uma estória. Uma estória de como um quebra-cabeça veio a ser proposto e então recebeu resposta, e um novo quebra-cabeça surgiu a partir dessa resposta. Que tal uma estória dos fracassos que levaram à melhor resposta que temos, mesmo que ainda esteja errada?

Eis um exemplo. O meu amigo, e gosto de me lisonjear chamando-o de companheiro, Hasok Chang, do Departamento de História e Filosofia da Ciência na Universidade de Cambridge, escreveu um livro fascinante sobre a invenção da temperatura. Entre outras coisas, é sobre como a ciência funciona por iteração, aproximando-se de uma verdade cometendo erros que são, cada qual, um pouco menos "errados" do que o erro que o precedeu. Ora, a temperatura parece ser a coisa mais simples do mundo para se entender. Pedimos aos alunos que façam experimentos científicos que vão desde medir e rastrear a temperatura do dia até compreender a transferência de calor nos motores termodinâmicos. Mas alguma vez nós lhes pedimos que considerem como eles inventariam o termômetro que estão usando para fazer esses experimentos? Não é tão trivial porque existe um tipo de circularidade para isso. Como você saberia que temperatura um termômetro estava medindo se não soubesse alguma temperatura que você poderia usar como padrão? É bom descobrir que o mercúrio ou o ar em tubo se expande com a temperatura, mas trata-se de um processo linear em que cada milímetro de expansão corresponde a algum número de graus de temperatura? Ou a coisa é mais complexa: por exemplo, uma situação em que as temperaturas mais frias expandem o mercúrio proporcionalmente menos do que as temperaturas mais quentes? O ar e o mercúrio, ou qualquer outra substância, reagem à temperatura do mesmo modo? Como você saberia se não tivesse pelo menos um ponto fixo? E, realmente, com dois seria muito melhor.

O ponto de ebulição ou o de congelamento da água, você diria? Não é tão simples, na realidade. Todos sabemos que "uma panela vigiada nunca ferve", e isso acaba sendo mais verdadeiro do que você imagina. Pelo menos não se pode fazer que as pessoas – observadores, se você preferir – concordem exatamente quando uma panela de água começa a ferver. E, mesmo que você o fizesse, seria a uma temperatura diferente, dependendo da sua altitude – em Denver, a água ferve a uma temperatura mais baixa do que em San Francisco. Isso é óbvio? Você pensaria assim mesmo que não tivesse um termômetro para fazer essa descoberta? Por que, diabos, é assim, e o que isso lhe diz sobre o calor? Aliás, é óbvio o que é o calor? Tem havido muitos modelos de calor, a maioria deles fracassos. O calor parece fluir como um líquido de um objeto para outro – mas sempre de um objeto mais quente para um mais frio. Nunca em direção inversa; é assim que o frio flui. Espere um pouco – o frio não pode fluir, o frio não é nenhuma "coisa", somente a ausência de calor, certo? Quem decidiu isso? Na verdade, durante muito tempo, não estava claro se um termômetro estava medindo o calor ou o frio, e, em muitos dos primeiros termômetros, a escala está de ponta-cabeça – pelos nossos padrões atuais. Claro, na verdade não importa porque não há acima ou abaixo na temperatura – agora temos uma ideia incompreensível para os alunos adolescentes.

Por que Fahrenheit é uma escala melhor do que Celsius para as criaturas vivas? Este é o meu discurso pessoal agora, mas gosto dele porque parece enlouquecer todas as outras pessoas no mundo. Fahrenheit é uma escala de temperatura biológica – usa como ponto zero a temperatura em que o sangue congela, e cem graus F é a aproximadamente a temperatura média do corpo dos mamíferos. Assim, com Fahrenheit, há cem divisões iguais na faixa de temperatura em que a maioria de nós vive a vida. Celsius, por outro lado, tem um ponto zero definido no ponto de congelamento da água e cem graus no seu ponto de ebulição. Isso significa que a escala Celsius tem menos gradações na faixa de temperatura dos seres vivos, resultando em boletins meteorológicos que estão em meio grau e, muitas vezes, em números negativos. E então a temperatura do corpo passa a ser de 37 graus, um número primo pesado e incômodo que não pode ser dividido uniformemente no cálculo de qual temperatura você quer para alguma reação. Celsius é uma ótima escala para engenheiros e físicos, mas, para a biologia, eu fico é com o bom e velho Fahrenheit.

Como disse, este é o meu discurso, mas você também pode ver que ele poderia iniciar uma discussão útil sobre o que significa temperatura e o fato de ela ser arbitrária, porém mesmo assim descreve um estado físico real. Este é um modelo fabuloso de como a ciência funciona – da física newtoniana à especiação darwiniana, à tabela periódica de Mendeleev, à relatividade de Einstein e assim por diante... A ciência pode pegar algo arbitrário e nele construir toda uma descrição da realidade física. É um pouco como a magia – que todo mundo sabe que é mais divertida e envolvente do que apenas os fatos.

Vamos dar uma olhada em um problema realmente difícil na educação científica: as equações e a matemática.

Stephen Hawking, na introdução a *Uma breve história do tempo*, diz que o seu editor lhe contou que para cada equação que ele colocava no livro, as vendas caíam pela metade. Mesmo assim, ele optou por uma equação. A propósito, isso mostra precisamente o tipo de raciocínio matemático falho que é um produto típico do nosso atual programa de educação matemática, porque cada equação subsequente teria um efeito cada vez menor sobre o número real de livros vendidos: a metade da metade da metade. Então, depois da primeira equação, você pode incluir outras a um custo muito reduzido enquanto ainda se aproximava de zero venda, o que talvez fosse um ponto de vista sutil que Hawking estava mostrando ao incluir somente a mais cara.

Recebi conselhos parecidos no ensino, especialmente quando se trata de estudantes de biologia, que deveriam ser os mais desafiados em matemática entre os estudantes de ciência. As equações tendem a afastar os alunos, disseram-me. Eu discordo. As equações são valiosas, não meramente como um modo de resolver problemas conectando números nas variáveis, mas porque são explicações escritas em uma taquigrafia especial. Como aprender a digitar, vale a pena aprender algo sobre essa taquigrafia e como manipulá-la e, mais importante, como dela extrair significado e compreensão.

As equações têm histórias que contar, histórias de conflito e luta, de fracasso e triunfo, cada qual a elucidar uma característica no Universo que foi arrancada pela lógica e o pensamento. E, se você contar essas histórias, elas não serão opacas ou enfadonhas ou... formulaicas. Não são transmitidas lá das alturas, e não devem ser entregues aos alunos com se o fossem.

Eis um exemplo. Ensino aos alunos algo chamado equação de Nernst, que leva o nome do seu criador, Walter Nernst, um famoso biofísico do fim do século XIX. Nernst tinha interesse pelas baterias e a corrente elétrica e pelo fato de ser possível usar sais para transportar cargas elétricas. Ele descobriu como descrever isso matematicamente de modo que, para qualquer concentração dada de íons – sódio, potássio e cloreto, mais comumente –, você possa determinar a voltagem que seria criada distribuindo-os de modo desigual. Nernst descobriu isso como uma maneira de construir algumas das primeiras baterias – e, até certo ponto, as baterias alcalinas padrão ainda funcionam de acordo com esses princípios. Mas não tardou muito para que os fisiologistas percebessem que podiam usar a mesma equação para descrever como a atividade elétrica surge no nosso corpo. É por isso que temos instrumentos como eletrocardiograma ou o eletroencefalograma ou o eletromiograma para medir a atividade elétrica no coração, no cérebro e nos músculos, retrospectivamente.

Teria ocorrido a você que uma equação desenvolvida por um físico-químico poderia ser usada para descrever o funcionamento do cérebro? Lorde Kelvin, outro físico, usou a equação de Nernst em parte para descobrir quão forte teria de ser um sinal elétrico que você injetaria na extremidade de um fio em Nova York para que sinal suficiente chegasse a Londres, atravessando o oceano Atlântico no primeiro cabo transatlântico. Esses mesmos cálculos também nos dizem como um sinal vai do cérebro ao dedão do pé através de uma fibra nervosa embebida em soluções corporais salgadas – não tão diferente do cabo transatlântico na água do mar. E hoje medimos esse sinal para diagnosticar doenças como a esclerose lateral amiotrófica (ELA) ou a esclerose múltipla (EM). Eu poderia prosseguir, mas espero que o valor de fazer essas conexões seja óbvio. Quantos microssegundos depois de eu dizer as palavras "equação de Nernst" a sua mente vagueou rumo a uma coisa, qualquer coisa, mais interessante? Mas, se eu começasse dizendo-lhe que ia explicar dois tipos de baterias – as que você usa para alimentar os seus aparelhos e as que alimentam o cérebro que usa esses aparelhos para se entreter – tudo em uma fórmula simples... bem, isso deve ser um pouco mais interessante, até porque parece tão improvável.

Claro está, há algumas coisas que você deve saber para ser alfabetizado cientificamente – tantas quantas existem que você deve saber para ser literariamente alfabetizado ou artisticamente alfabetizado. Nas ciências humanas, as pessoas discutem isso o tempo todo. Quais são os livros e escritos que compõem o cânone, as coisas básicas que toda pessoa alfabetizada devia ter lido ou ouvido falar? Quais são as obras de arte e arquitetura icônicas? Essas discussões são frequentemente acaloradas – tão acaloradas, na verdade, que o resto do mundo observa e pensa, realmente, por que vocês estão ficando tão agitados? São apenas livros. Este ou aquele, qual é a diferença afinal? Na verdade, é uma grande coisa vivermos em uma sociedade em que sentimos que podemos nos dar ao luxo de contar com algumas pessoas com experiência suficiente para ter discussões quase mortais sobre qual deve ser a composição do cânone, sobre quais são as grandes ideias. Isso não é apenas um luxo porque, se deixarmos essas decisões para os políticos ou os conselhos escolares – mesmo os políticos e conselhos escolares bem-intencionados –, então poderíamos muito bem ter um Departamento do Pensamento Correto. Precisamos de especialistas e eles precisam ter opiniões diferentes e opiniões fundamentadas e informadas sobre como escrever uma prescrição de

74 STUART FIRESTEIN

letramento. Eis um caso em que a unanimidade está longe de ser uma coisa boa.

Acredito que deveríamos ter a mesma "discussão" na ciência. Não temos um conjunto certo de coisas para saber, para que, se souber isto e aquilo, você seja considerado cientificamente alfabetizado. Acho que existem essas coisas, mas não vamos concordar quanto a quais são elas. Isso porque, assim como a cultura, ela é fluida e mutável. Tem de ser revisada constantemente. Trata-se de uma discussão que deveríamos continuar tendo. Uma discussão que deveríamos gostar de ter. Esta é uma oportunidade de pensar cuidadosamente em quais são os fundamentos absolutos, no que podemos saber em comum e para o bem comum.

A área de humanidades vem tendo essa discussão há décadas (séculos?). As ciências deveriam detectar essa boa ideia e iniciar uma boa discussão. E não me refiro às discussões tolas sobre evolução *versus* design inteligente, que são política e culturalmente motivadas e repletas de reivindicações insinceras. Refiro-me a conversas sérias entre especialistas em astronomia, biologia, química, ciência da computação, ecologia, matemática e física sobre quais são os verdadeiros itens essenciais para saber. Mais ou menos como aquele jogo sobre o que você levaria consigo se tivesse de passar um ano em uma ilha deserta. Certa vez perguntaram a Richard Feynman que fato ele gostaria que sobrevivesse a um holocausto que aniquilaria praticamente toda a humanidade (era a apocalítica época pós-bomba atômica). Sem hesitar, ele escolheu a ideia do átomo. O seu raciocínio era que perder essa ideia nos levaria a recuar excessivamente no tempo para nos recuperarmos em qualquer período razoável e com qualquer probabilidade razoável de sucesso. Mas ter aquele conceito nos permitiria reconstruir toda a física e a química – e então a biologia. Eis alguns outros que eu incluiria (em ordem alfabética):

- O cálculo
- Os campos
- As células
- A entropia
- A evolução

- Os genes
- A inércia
- As ligações químicas
- A tabela periódica
- A teoria cinética do calor

Outra pessoa terá outra lista e posso mudar esta. Mas essa é a questão. Não existe uma lista oficial, independentemente daquilo em que os tsares do currículo gostariam que você acreditasse. O currículo imutável baseado na cobertura máxima é um ótimo modelo de negócios para autores e editores de livros didáticos. Mas tem muito pouco a ver com os métodos ótimos de ensino da ciência. Quando concluídos, esses livros didáticos oferecem um tratamento abrangente que só precisa de uma pequena atualização aqui e ali ao longo de muitos anos – em alguns casos, décadas. Dê uma olhada na página de direitos autorais de alguns livros didáticos. Sua primeira edição pode remontar a mais de uma década. Muitas vezes, as mudanças são apenas cosméticas e têm como objetivo principal minar o mercado de livros usados. (Veja, se eles adicionarem ou subtraírem alguns pedacinhos aqui e ali, o número de páginas se altera. Isso obriga todos a comprar o livro didático novo, já que o programa de estudos do professor indicará esses números e página.) Não faço essa cobrança para difamar os editores de livros didáticos, mas para enfatizar a falta de valores associados à estratégia do livro didático de comunicar a ciência às novas gerações.

Até agora venho falando sobre educação científica em geral, principalmente focado nos anos do ensino fundamental/médio entre, digamos, doze e dezoito anos. Nas séries iniciais, todas as crianças, os meninos e as meninas, gostam de ciência. Mas, a partir da sétima ou oitava série, parece que começamos a eliminar os alunos, até que, no 11º ou 12º ano, menos de 5% deles querem ter algo a ver com a ciência novamente, muito menos considerá-la como uma opção de carreira. Desenvolvemos um sistema extraordinariamente eficaz para eliminar o interesse do maior número possível de alunos. Duvido que seja isso que queremos. No entanto, é o que acontece.

76 STUART FIRESTEIN

Mas isso nem novo é. Já em 1957, a famosa antropóloga Margaret Mead e sua colaboradora Rhoda Métraux publicaram um artigo intitulado "Image of the Scientist among High-School Students" [A imagem do cientista entre os alunos do ensino médio] na revista *Science*. Tratava-se do resultado de um estudo realizado pela Associação Americana para o Avanço da Ciência (AAAS, na sigla em inglês) a fim de determinar as atitudes então vigentes entre os jovens dos Estados Unidos. A corrida espacial havia começado e havia uma preocupação considerável quanto a se haveria um número suficiente de jovens planejando uma carreira científica para atender às necessidades técnicas e competitivas. Soa familiar? Assim como os resultados.

À parte o pitoresco, mas atualmente chocante, viés de gênero em todo o ensaio (ainda mais surpreendente por ser de autoria de duas mulheres), os resultados não são diferentes do que você pode esperar em uma classe de hoje de alunos do ensino médio. Entre as várias perguntas da pesquisa, pediu-se aos meninos que completassem a seguinte afirmação em um parágrafo breve: "Se eu fosse cientista, gostaria de ser o tipo de cientista que...". As meninas receberam a opção de preenchimento: "Se eu fosse me casar com um cientista, gostaria de me casar com o tipo de cientista que...". Como a maioria dos meninos estava interessada em se casar, ou pelo menos em conseguir uma garota, as respostas das meninas foram consideradas de importância igual ou maior que as dos meninos na determinação da decisão de carreira real! Aliás, esse raciocínio é um pouco anterior à redescoberta do papel crucial da escolha feminina na evolução por Robert Trivers e outros nas décadas de 1960 e 1970, embora Darwin (1871), R. A. Fischer (1915) e outros o tivessem mencionado previamente.

Com base nos resultados do estudo, os alunos entreviram a imagem "oficial" do cientista como alguém essencial à nossa vida nacional e ao mundo; alguém dedicado e brilhante; alguém que trabalha sem se preocupar com o dinheiro ou a fama e pode descobrir curas ou fornecer progresso técnico e proteção defensiva. Em suma, alguém a quem deveríamos ser gratos. Por outro lado, quando questionados sobre escolhas profissionais (ou conjugais), essas mesmas qualidades tinham fortes conotações negativas. Os alunos se referiam a carreiras que eram enfadonhas, somente sobre coisas mortas (a menos que fossem aventureiras como uma viagem espacial), excessivamente dedicadas a algo fora de casa, da família e das relações normais, que tinham uma relação "anormal" com o dinheiro (*i.e.*, não o ganhavam), e, em geral, eram muito exigentes e implacáveis. Agora soa familiar.

Mead e Métraux passam a criticar o ensino de ciência pelo desenvolvimento dessas atitudes. Lamentam o fato de a ciência ser ensinada sem "o menor senso das delícias da atividade intelectual". O cientista é retratado como uma pessoa que passa anos trabalhando de mau humor e "[só] grita de alegria quando finalmente descobre alguma coisa". Os alunos trabalham com plantas mortas, animais mortos e ainda mais livros sem vida e repleto de ideias de homens mortos há muito tempo. Mead e Métraux recomendam mudanças no ensino da ciência – e oxalá as atitudes para com os cientistas mudem – que incluam, entre outras coisas, o ensino de uma narrativa mais realista das descobertas científicas que não seja tão orientada para o herói. Obviamente, concordo em gênero, número e grau. Mas essas recomendações foram feitas em 1957. Nada mudou. Na verdade, a situação piorou porque agora estendemos essa abordagem falida aos anos universitários.

Hoje em dia, quase todas as faculdades e universidades têm algum tipo de exigência de ciência para todos os alunos como parte da sua dedicação a uma educação liberal e completa – antes que você comece o negócio sério do seu curso de finanças. Esses cursos para estudos não científicos são, provavelmente, a última aula, palestra ou o último livro de ciência que mais de 80% da população com formação universitária enfrentarão na vida. E o que lhes resta? Mais da mesma tolice bulímica que tiveram no ensino médio. Pior, esses cursos muitas vezes são desviados para professores adjuntos sobrecarregados e mal pagos. Não que esses instrutores não sejam dedicados e esforçados, mas deixá-los para a força de ensino temporário expõe a atitude descuidada que a maioria das faculdades de ciência tem para com esses cursos.

78 STUART FIRESTEIN

Agora os alunos que quiserem ser cientistas prosseguirão até a pós-graduação. E terão uma visão completamente diferente da ciência. Listei algumas coisas que aprendi sobre ciência na pós-graduação.

- As perguntas são mais importantes que os fatos.
- As respostas ou os fatos são temporários; os dados, as hipóteses (modelos) são provisórios.
- O fracasso acontece... muito.
- A paciência é um requisito; não há substituto para o tempo.
- Ocasionalmente você tem sorte – espero que reconheça isso.
- As coisas não acontecem do modo linear ou narrativo que você lê nos jornais ou livros didáticos.
- O suave "Arco do Descobrimento" é um mito; a ciência tropeça junto.
- Se houver comida de graça, chegue cedo.

Eu nunca tinha ouvido falar em qualquer uma dessas verdades críticas quando era graduando – nem mesmo nos meus cursos avançados de ciência. Parece, então, que certa parte do processo científico está disponível unicamente para a elite dos cientistas treinados. Mas não há nada nessa lista que esteja além da sua compreensão. Eu poderia deslumbrá-lo, ou mais provavelmente entediá-lo, com inúmeros fatos acerca do cérebro ou do sistema olfativo, coisas que você acharia incompreensíveis, mesmo supondo que estivesse interessado. Mas nenhum desses tipos de coisa fez a lista de elementos críticos que aprendi na pós-graduação. Tudo na minha lista é inteiramente acessível. Mas você não sabe nada a respeito – a menos que também seja cientista.

Isso então nos leva à questão de por que ensinar ciência a estudantes não científicos. Se não vamos lhes ensinar as coisas que eles precisam saber para ser cientistas, então o que lhes estamos dando de tão especial, tão único, tão crítico para o seu desenvolvimento intelectual? Por que sentimos que ensinar ciência é uma necessidade? O que esperamos obter?

Nos últimos quatro séculos e pouco, a ciência forneceu mais e melhores explicações sobre a natureza do que qualquer coisa na história registrada anterior. Principalmente desenvolveu uma estratégia para descobrir coisas e saber se convém acreditar nisso ou não. Esse não é o Método Científico, e sim um grande corpo de procedimentos acumulados e modos de pensar, bem como fatos estabelecidos, que dão origem a uma espécie de visão de mundo intuitiva, mas informada, não impregnada de magia ou misticismo. Não que não haja certos princípios dominantes, porém mesmo eles não são invioláveis. E esse é um mecanismo para cometer erros que são produtivos e não catastróficos. Ele está nesse corpo de erros, fracassos, explicações temporárias, ideias loucas, teorias e todo o resto em que devemos encontrar a riqueza do pensamento científico.

Que fazer? Ensinar as ideias fracassadas sobre calórico, éter e teorias pré-quânticas de átomos; a evolução pelo *design*; o flogisto; o vitalismo; a frenologia, e assim por diante, nos nossos cursos de ciência? Você sabe que a resposta reflexiva de muitos tsares do currículo de ciências será que todas essas ideias se revelaram erradas, então por que haveríamos de ensiná-las? Pode ser, mas uma quantidade enorme de cientistas inteligentíssimos e brilhantes acreditaram nelas em um momento ou em outro – de modo que elas não podiam ser tão excêntricas assim. O físico Michael Faraday por certo acreditava em um *design* inteligente; Lavoisier e muitos outros levaram a teoria calórica a sério durante muito tempo; formas sutis de vitalismo ainda podem ser encontradas escondidas aqui e ali na biologia. A questão é que esses conceitos não se tornaram ideias fracassadas de uma hora para outra. Foram propostas legítimas em certa época – e não expostas por pessoas idiotas e desinformadas. Como chegamos a perceber que estavam fundamentalmente incorretas, mesmo quando eram "boas" explicações? Como você pode distingui-las de uma ideia científica legítima e correta? O que nessas teorias ainda é verdadeiro, e como isso seria possível se nós pensamos que elas estão erradas? Qual é a diferença entre certo e verdadeiro, ou, mais ainda, entre errado e verdadeiro? Como as teorias novas substituem as antigas, mesmo que elas possam não estar completamente corretas e certamente nunca sejam pontos finais?

80   STUART FIRESTEIN

Sei que parece loucura no começo, mas esses "fracassos" não são em muitos aspectos os melhores históricos de casos? Eles exigem que os alunos absorvam as ideias que foram levadas a sério por algumas das mentes mais brilhantes na ciência. E então acabaram se tornando na maior parte erradas. Eles demonstram como é fácil errar, comprometer-se com uma teoria ou ideia errada. Mostram mentes científicas brilhantes no caminho errado e, do ponto de vista da história, você pode ver por que eles pensaram que tais ideias eram razoáveis. A ciência progride tateando e tropeçando e, ocasionalmente, descobrindo algo que geralmente leva a mais tateio e tropeços, mas de um tipo melhor. Esse é o processo, e funciona. Notavelmente bem. Por que não ensinar isso desse modo, em vez de remover as falhas e simplesmente cobrir as consequências maçantes (*i.e.*, os fatos)?

E se você sentir a necessidade de ser menos histórico e mais moderno, há muitas ideias recentes que azedaram e precisaram de revisão. Não é como se a ciência tivesse uma história de fracasso que está toda no seu passado. Fazemos isso diariamente em laboratórios do mundo todo. Fazemos isso porque a ciência trata do que não sabemos, e ainda há muito desse material misterioso para sempre gerar fracassos novos e melhores.

Esse tipo de pensamento é o que a educação científica pode transmitir aos alunos. A ciência é sempre uma batalha árdua; é marcada por sucessos e fracassos, por ousadia e timidez, por alegria e tristeza, por convicção e dúvida, por prazer e sofrimento. Tem muito de uma grande aventura humana a ser representada por relatos de livros bem cuidados, secos e preservados. E, como todas as aventuras humanas, está abarrotada de ótimos fracassos.

7
O Arco do Fracasso

Isso nem errado está.

Wolfgang Pauli, referindo-se a um ensaio
que ele considerava imprestável

As grandes conquistas da ciência muitas vezes são relatadas como um "Arco da Descoberta".

Ele tem aquela extensão histórica que tanto apreciamos, com jogadores heroicos, saltos intuitivos ocasionais e clarões de resplandecência, descobertas acidentais oportunas, culminando em um avanço final radiante que, magicamente, sintetiza décadas ou mesmo séculos de trabalho meticuloso em uma compreensão brilhante e agora sólida de como as coisas realmente são. Trata principalmente de grandes descobertas – o átomo, a ligação química, o gene, a célula, o transistor; ou de saltos conceituais como a inércia, a gravidade, a evolução, os algoritmos. Por trás de cada fato que ensinamos nas nossas aulas de ciência, há a noção de um arco da descoberta que nos levou triunfalmente a algum conceito profundo – a evolução ou a relatividade, a física quântica ou a genômica. Newton alegando, talvez sarcasticamente, ter ficado nos ombros de gigantes; Watson e Crick anunciando que descobriram o segredo da vida no *pub*

82 STUART FIRESTEIN

The Eagle, atualmente um marco histórico de Cambridge. Ciência como narrativa heroica.

Salvo que quase nunca é assim. Há duas coisas erradas nessa história. Primeiro, geralmente não é verdade. Em segundo lugar, ela propaga uma versão heroica da ciência em que todos os grandes avanços brotaram da genialidade de alguns indivíduos. Galileu, Kepler, Newton, Faraday, Maxwell, Kelvin e Einstein formam um arco famoso na física. Ele rastreia o nascimento e o crescimento da física, da inércia à massa, à gravidade, aos campos de energia e à termodinâmica, e inclui uma explicação final abrangente de tudo isso no espaço-tempo mostrando que massa e energia são equivalentes.

Os arcos da descoberta como esse têm uma propriedade crescente que sugere uma progressão suave e acelerada rumo a um objetivo fixo. Não preciso dizer que isso tem pouca semelhança com a história real. É uma destilação, uma taquigrafia francamente ficcional, um resumo superficial, na melhor das hipóteses, de um processo que é muito mais complicado – e muito mais interessante. Trata-se de um processo que está repleto de curvas erradas, becos sem saída e circularidades, nos quais os fatos são declarados certos, depois errados e então, por vezes, certos de novo. Há espaços em branco que representam longos períodos sem progresso, se não total inatividade – também chamados de "estar empacado". Assim, a narrativa do arco da descoberta não deixou de fora simplesmente as chamadas descobertas menores ao longo do caminho, atingindo somente os pontos altos, embora isso seja verdade suficiente. Mais importante, deixou de fora os fracassos e as lutas que fizeram parte do processo tanto quanto as grandes descobertas que compuseram a lista. Por exemplo, deixou de fora a teoria do éter que dominou o pensamento durante mais de um século. Deixou de fora a teoria calórica, a substância térmica que não existe, mas desempenhou um papel crítico em nos colocar no caminho que finalmente veio a ser a termodinâmica.

Talvez ainda pior do que o que ficou de fora, essa mitologia do arco sugere que chegamos ao fim quando não chegamos – ainda não há unificação entre a física de Newton-Einstein e a do universo

FRACASSO **83**

subatômico quântico (um segundo arco inteiro da história da descoberta na física). E você notou quão culpado eu estava ao sugerir que há um arco da descoberta que poderíamos rotular como física de Newton-Einstein – como se houvesse uma linha direta ininterrupta ao longo de 250 anos de tempo histórico. É dificílimo não participar dessa loquacidade.

Derek de Solla Price, um prodígio na história da ciência que morreu prematuramente aos 61 anos e cujas obras quase inteiramente – e equivocadamente – deixaram de ser impressas, indicou que a história da ciência é diferente de qualquer outra história, pois todo o seu passado de sucesso também existe no seu presente. "A Lei de Boyle está viva hoje como a batalha de Waterloo não está." Mas só o passado *de sucesso* é que é representado. E isso tem a consequência não intencional e não inteiramente positiva de que o público, enamorado da imanência desse passado sempre presente e dos heróis de outras épocas, concebe a ciência como algo principalmente morto e acabado. É sem vida, inteiramente lógica e geralmente maçante. Enquanto reverenciamos os cientistas mortos, os vivos em geral são considerados esquisitos. Quando pedem às crianças pequenas que desenhem um cientista, elas escolhem invariavelmente um morto.

E não é só o sistema educacional que precisa de reforma; é todo o *zeitgeist* cultural. Os livros populares, os artigos de revistas, os programas de televisão – todos retratam a narrativa da ciência como uma de sucessos incrementais contínuos pontuados com alguns brilhantes saltos à frente. Tudo isso pode parecer mais cativante, mas afirmo que, na verdade, é uma história menos envolvente porque não há como você se identificar com ela – a menos que seja um daqueles gênios que sempre conseguem fazer as coisas corretamente. A história é mais envolvente e mais realista se contada com paradas e recomeços e com as ideias falsas que pareceram boas na época – isto é, com todos os fracassos ao longo do caminho. Alguns desses fracassos foram realmente grandes, tremendos e fabulosos. Outros foram fracassos em perceber o que agora pode parecer óbvio, mas simplesmente não podia ser visto em determinado momento porque os seres humanos... bem, eles simplesmente não estavam pensando

84 STUART FIRESTEIN

desse modo. Não é sempre fascinante tentar entender por que, basicamente com as mesmas informações, mas com a perspectiva errada, algumas coisas podem ser invisíveis? O que o leva inevitavelmente a considerar o que é invisível para nós hoje, escondido à vista de todos, porque atualmente é inconcebível. Não permanentemente inconcebível, só atualmente. Em meio a que grandes fracassos nós nos achamos agora? Que beco sem saída estamos investigando vigorosamente? Que verdade simples está prestes a ser reconsiderada? Isto é ciência viva e pessoal.

Talvez um exemplo, uma história de caso histórica, fosse valioso aqui. Mas surge um problema imediatamente. Posso esperar ser apenas parcialmente bem-sucedido ao escrever a narrativa do fracasso, nem que seja porque muitos fracassos importantes se foram sem deixar registro. O que temos são longos períodos em branco que decerto devem ter sido preenchidos com alguma atividade, ou períodos totalmente dominados por uma única autoridade em que outras perspectivas basicamente certas ou erradas foram suprimidas ou pelo menos ignoradas. Há o filtro da Idade Média, um período eclesiástico no Ocidente que filtrava incisivamente quais obras eram copiadas nas bibliotecas. E obras que não foram preservadas ativamente porque não eram valorizadas e provavelmente se perderam no mofo e na podridão.

Os pormenores restantes geralmente são duvidosos. São difíceis de interpretar, mesmo por historiadores profissionais, o que não é o meu caso. Passaram-se quatrocentos anos. O que aconteceu durante todo esse tempo? Fracassos que não vale a pena registrar? As pessoas ficaram preguiçosas? Complacentes? Perplexas? Essas coisas são possíveis agora? Nós, modernos, poderíamos entrar em um período em branco? Os períodos em branco são uma parte necessária do processo, uma característica ocasional – um longo período a perseguir uma ideia errada? Muitas coisas erradas podem parecer certas durante muito tempo. A escravidão pareceu excelente durante milhares de anos. As forças vitais e a teologia dominaram a ciência durante milênios. E, é claro, a crença na magia e em todos os tipos de espíritos parece nos ter acompanhado desde os tempos mais remotos.

FRACASSO **85**

Bem, não há o que fazer a não ser trabalhar com o que temos e caprichar ao máximo. Que é exatamente o que se vem fazendo na ciência há centenas de anos – fazer uma aproximação; criar um modelo imperfeito; procurar um lugar em que se possa progredir; aceitar, medir e incluir a incerteza; e ser paciente com uma ideia ou descoberta que surgirá de todos esses ajustes e questionamentos. Aqui vamos nós. Espere o fracasso.

Vou usar a circulação do sangue como a minha (não) narrativa. Trata-se de um exemplo interessante porque, atualmente, como o sangue circula pelo corpo é de conhecimento tão comum que até as crianças sabem disso, ainda que seja só porque lhes contaram. Mas a sua história é cheia de trancos e barrancos e voltas equivocadas. Agora parece tão óbvio que o sangue precisa percorrer o corpo em uma espécie de circuito que é quase impossível imaginar que tenha tardado mais de um milênio de investigação científica até que William Harvey, em especial, descobrisse isso. Talvez seja ainda mais incrível o fato de que só algumas décadas depois de terem sido divulgadas as suas ideias foram amplamente aceitas. Harvey teve de lutar contra o erro, mas as arraigadas ideias sobre as forças vitais e a teoria pneumática do sangue, assim como alguma antiga e simples anatomia errada "descoberta" pelo famoso anatomista Galeno, um cientista grego de considerável influência no início do Império Romano. Em uma espécie de paralelo com Darwin, Harvey tinha certeza da circulação do sangue já em 1612, mas adiou a publicação durante mais de quinze anos, até 1628, por medo de contestar publicamente as ideias de Galeno. Embora hoje em dia seja óbvio que o sangue circula pelo corpo, exploremos o quanto tal ideia foi improvável para a maioria dos anatomistas durante séculos.

Primeiro, há o simples problema da complexidade. Você tem inimagináveis 88 mil quilômetros de veias no corpo. O suficiente para contornar o equador duas vezes! O quanto isso é incrível? Cada um de nós com tantos vasos sanguíneos acumulados no corpo. Ora, as grandes, as principais artérias, não são tão difíceis de acompanhar, mas depois elas se ramificam e vão se tornando cada vez menores e finalmente ficam tão pequenas que você não pode vê-las (os vasos

86 STUART FIRESTEIN

capilares) sem um microscópio ou algum outro instrumento de ampliação. Portanto, há muitíssimos vasos e eis que eles desaparecem em uma espécie de malha. Coisa muito confusa.

Talvez confusa, mas, mesmo assim, não houve escassez de teorias, na maioria errôneas, sobre essa vasculatura que sustenta a vida. A teoria pneumática do sangue, uma teoria particularmente persistente, pinta o sangue como uma substância hidráulica que carregava a imponderável força vital. Tolice, não acha? Imagine se você quiser ser um soldado romano no primeiro século d.C., em um campo de batalha no início de uma manhã fria, o amanhecer a iluminar o céu apenas o suficiente para obscurecer tudo, salvo as estrelas mais brilhantes. O seu colega soldado é subitamente atingido no peito por uma flecha e cai do cavalo. O sangue escorre de sua ferida e cai no chão. Na manhã fria, o sangue quente começa a fumegar, e fiapos de um vapor sem peso do que parecem ser as suas entranhas sobem flutuando e desaparecem, no exato momento em que você vê a vida do seu camarada se esvair. Não seria perfeitamente razoável enxergar aquele vapor como uma força vital, um espírito, uma alma a fugir do corpo, deixando-o insensível e inerte? De que outro modo descrever esse vapor inefável que se correlata com o estado vivo *versus* o sem vida? Você poderia ter me enganado.

A teoria do pneuma foi sistematizada por dois dos primeiros e influentes fisiologistas e anatomistas, o grego Erasístrato, em atividade por volta de 250 a.C., e Galeno, também nascido na Grécia, mas que viveu e trabalhou no Império Romano cerca de 150-200 d.C. Não posso enfatizar suficientemente o papel histórico desempenhado por esses dois homens – pode-se dizer facilmente que as ciências da fisiologia e da anatomia começaram com eles tanto quanto Galileu é considerado o primeiro físico verdadeiro. Ambos dissecaram corpos humanos, uma atividade que ainda hoje, para a maioria das pessoas, é quase impensável. A dissecação humana, que entrou e saiu do favor e da aceitabilidade, é um tipo de investigação profundamente científica. Você não pode deixar de pensar em uma "máquina maravilhosa" quando abre esse capô. Galeno, Erasístrato e seus associados (alguns dos quais nós conhecemos e muitos dos

FRACASSO **87**

quais não foram registrados nem preservados) publicaram muitos trabalhos minuciosos e completos sobre todas as partes do corpo humano, bem como fizeram comparações com outros animais. Descreveram a maioria das partes do corpo, que ainda têm, para a desgraça dos estudantes de medicina, os obscuros nomes latinos que eles lhes davam. Entre as centenas, provavelmente milhares, de estruturas que identificaram figuravam a aorta, a artéria pulmonar, os nervos cranianos, os ventrículos, as aurículas e até mesmo o pequenino e crucial músculo cremastérico que controla o escroto masculino.

Apesar disso, eles estavam errados quanto a como tudo aquilo funcionava. Esta não é uma característica incomum na ciência. A destreza técnica, as medições avançadas, as resmas de dados – tudo precede a compreensão, às vezes durante um bom tempo.

Galeno e companhia estavam presos no pneuma. Não é difícil imaginar que consideravam a respiração como algo importantíssimo. Pensavam que o sangue possuía e transportava o pneuma – ou força vital – a todas as partes do corpo. O pneuma entrava pela respiração, era adicionado ao sangue, que tinha sido produzido pelo fígado, e então era distribuído por todo o corpo como espírito vital. Se tudo isso parece totalmente inventado, não é que eles não tivessem nenhuma evidência para esse modelo. Eles a tinham. Mas fracassavam em interpretá-la corretamente.

Erasístrato notara que, nos cadáveres humanos, as artérias estavam vazias, como estariam em um corpo morto, porque os pulmões cessam de se mover antes que o coração pare de bater e, assim, todo o sangue arterial é bombeado para fora sem que entrasse um novo abastecimento. A propósito, esta é realmente uma boa evidência, usada por Harvey um milênio depois, para um suprimento de sangue circulante. Mas, para Erasístrato, isso significava que as artérias vazias eram o conduto do pneuma aéreo. Considerava-se que os vasos provinham do fígado, onde o sangue era produzido. O fígado é um órgão em que o sangue abunda muito, de modo que essa falsa suposição não deixa de ser compreensível. Erasístrato observou que o sangue era atraído para o coração durante a diástole e, depois, bombeado para longe. Ele atribuiu ao lado direito do coração a função

88   STUART FIRESTEIN

de bombear o sangue e, ao lado esquerdo, maior, a de bombear o pneuma para fora. Ele observou as válvulas que impediam o sangue – e o pneuma – de fluir de volta para o coração. Essas válvulas se tornariam um elemento-chave do modelo de sangue circulante de Harvey. Erasístrato, em 250 a.C., estava a um passo de reconhecer a circulação do sangue, mas foi impedido de ter esse *insight* pela sua teoria pneumática. Surpreendentemente, a ideia tardaria mais de 1.500 anos a tornar a vir à tona.

Isso ocorreu, pelo menos em parte, porque os cientistas daquela época e das seguintes deixaram a sua visão de mundo filosófica prevalecer sobre as suas observações empíricas. Eles eram filósofos e também cientistas, viam a perfeição dos sistemas de órgãos e o intrincado funcionamento do corpo como uma indicação da Providência – foram, em certo sentido, os primeiros crentes no projeto divino.

Galeno, o Príncipe dos Médicos, na sua imponente obra *Os usos das partes do corpo do homem*, procurou mostrar que os órgãos eram tão perfeitamente construídos para os seus propósitos que era impossível imaginar algo melhor, e isso só podia ser a prova da existência de um criador divino. Assim, o objetivo da observação científica era determinar o propósito final de cada órgão e entender o modo perfeito como ele cumpria aquela função. Galeno, na verdade, foi um dos primeiros – talvez o mais antigo – defensor do desígnio divino, embora seja improvável que ele o caracterizasse dessa maneira. O cristianismo e as suas crenças providenciais ainda não haviam adquirido grande popularidade, mas Galeno estava preparando o caminho. Alguns historiadores acreditam que pode ser por isso que muitos dos seus escritos foram preservados pelos eclesiásticos da Idade Média – mais do que praticamente qualquer outro escritor pagão. E, através desse filtro, provavelmente perdemos muitas outras ideias cruciais sobre a fisiologia e a anatomia. Claro que é sempre difícil contabilizar o que se perdeu.

Foi essa atitude de "corpo divino" que quase interrompeu a investigação científica, pois invocava uma autoridade contra a qual não havia argumento. A autoridade e a infalibilidade que a acompanha são a ruína da descoberta científica. Quando o fracasso não é possível e a descoberta tampouco. Temos aqui um excelente exemplo de uma narrativa científica que é corrompida pelo seu fracasso em registrar os fracassos. Eu gostaria de também de lhe falar sobre todos esses fracassos, mas não posso. Em vez disso, continuemos a seguir o fracasso daquela que foi a ideia predominante durante séculos.

Galeno promoveu a teoria do pneuma e os seus escritos eram tão prolíficos, e a sua autoridade, tão grande, que nada se mexeu muito durante várias centenas de anos após a sua morte. Os simples fracassos de homens eruditos, trabalhadores e inteligentes como Erasístrato e Galeno, porque eram firmemente apegados a uma visão de mundo autoritária, foram tomados como indiscutivelmente corretos. Não havia possibilidade de eles estarem repletos de ideias erradas, falhas que teriam sido muito mais interessantes e informativas. Sem a possibilidade de fracassos que sugerissem novas questões, uma geração seguinte de cientista nunca apareceu. Havia autoridades contemporâneas, mas elas principalmente copiavam as obras de Galeno em novos livros didáticos. A obra de Galeno deteve o progresso durante séculos. Acho que esquecemos muitas vezes, nas reduzidas linhas do tempo do ritmo científico de hoje, o intervalo entre as descobertas em séculos e décadas até um ano recente como 1900. Entre Erasístrato e Galeno passaram-se quatrocentos anos. Um breve período em comparação com a época seguinte.

De fato, os grandes passos seguintes em anatomia e fisiologia tiveram de esperar, durante a chamada Idade das Trevas, até que o Renascimento nos desse Vesálio no início do século XVI. O historiador Charles Singer faz a interessante afirmação de que foi a confluência da arte renascentista, o aprendizado humanista (ampla disponibilidade de escritos clássicos traduzidos e impressos) e um renovado entusiasmo pela dissecação que, talvez ironicamente, fez reviver a anatomia como ciência. O *timing* é interessante porque ela foi quase contemporânea do surgimento do que hoje identificaríamos como física baseada na ciência. O historiador Derek Price acreditava que foi a comunhão única da geometria grega com o sistema de numeração babilônico, combinada com uma curiosidade

90 STUART FIRESTEIN

ocidental pela astronomia, que criou a tempestade perfeita para a efusão da física, a começar por Galileu. Assim, em dois casos importantes, o desenvolvimento da ciência, seja a física, seja a fisiologia, dependeu da confluência única e aparentemente improvável de duas mentalidades culturais particulares. Acaso isso lhe parece, como a mim, que a coisa toda tem algo a ver com um jogo de sorte?

Vesálio (1514-1564) é o primeiro anatomista moderno, na verdade talvez o primeiro cientista moderno (como eu já disse, lugar geralmente conferido a Galileu). André Vesálio foi o produto da sua época, criado no ambiente do Renascimento com a sua reverência pelos clássicos e o zelo revolucionário pelo novo. Treinado em filosofia e anatomia galênica, a única tradição sobre o assunto que sobreviveu ao longo embotamento da Idade Média, ele se inquietava, porém, com os métodos clássicos de anatomia. Quando assumiu a cátedra de Anatomia na Faculdade de Medicina da grande Universidade de Pádua, ele reformou o antigo sistema de um professor e o seu assistente de dissecação e "pôs a sua própria mão no trabalho de dissecação". Em pouco tempo, tornou-se um professor popular, atraindo grande público às suas dissecações e demonstrações. Aos 28 anos, em 1543, produziu o livro que viria a ser a base da anatomia durante séculos, *De Humani Corporis Fabrica* [Da estrutura do corpo humano], às vezes conhecido simplesmente como *Fabrica*.

Para dar às coisas certa perspectiva temporal, Vesálio trabalhou e publicou simultaneamente com Copérnico e quase cem anos antes de Galileu. Mas o que era uma centena de anos daquela época? Seu *Fabrica* não é somente o fundamento da medicina moderna, está ao lado de *Sobre a revolução das esferas celestes*, de Copérnico, e de *Diálogo sobre os dois principais sistemas do mundo*, de Galileu, como um dos primeiros livros da verdadeira ciência ocidental. O conhecimento deveria se basear na evidência e na observação – não na autoridade. Devia-se entender o mundo astronômico e biológico nos seus próprios termos, e não simplesmente como a expressão perfeita de uma visão divina, que chegou ao ápice conosco.

A grande contribuição de Vesálio foi a sua mescla de arte e observação científica próxima – juntamente com a violação de sepulturas para obter cadáveres. (Na época, havia uma lei na vizinha Bolonha que tolerava a dissecação desde que o corpo tivesse sido obtido a aproximadamente cinquenta quilômetros do centro da cidade. Acho que era uma grosseria dissecar os vizinhos.) Em um suposto caso infeliz, Vesálio teria começado a autopsiar uma mulher que, inesperadamente, ainda estava viva! Ao contrário dos anatomistas de épocas anteriores, ele desenhava as suas figuras em poses realísticas, enfatizando o funcionamento da anatomia, não unicamente a sua estrutura (uma ideia que ele tirou da medonha autópsia de uma pessoa viva?). Vesálio repudiava os ensinamentos de Galeno, ainda que a sua educação fosse muito influenciada por este, e manteve algumas abordagens teleológicas da anatomia – que os órgãos podiam ser mais bem compreendidos pelo seu propósito. Para o bem ou para o mal, a abordagem teleológica realmente funciona na biologia – durante algum tempo. Trata-se de mais um desses casos em que algo errado é, no entanto, útil. Vesálio ensinava que não eram os órgãos e tecidos individuais que interessavam, e sim o corpo inteiro e integrado – a estrutura do todo e, assim, o título do seu livro, *Fabrica*. Deve-se admitir que Vesálio tem algo de herói científico. Ele pertencia àquela geração que nos arrastou para fora da simples, acomodada e complacente visão de mundo medieval com uma capacidade, ainda espantosa para mim, de olhar para as mesmas coisas que todos os outros e ver algo diferente.

Essa mudança de atitude e o uso de dados empíricos contra a autoridade foi a base de toda uma escola de anatomia que seguiu os princípios de Vesálio. Entre os seus principais membros achavam-se Falópio, que deu seu nome aos tubos pelos quais os óvulos viajam até o útero, e certo Renaldo Colombo, sem parentesco com o navegador. Colombo fez a importante descoberta de que a sístole, o ciclo cardíaco de contração, era sincronizada com a expansão arterial, e, inversamente, de que a diástole ou expansão cardíaca era cronometrada com a contração arterial. Durante séculos acreditou-se no contrário: que era a expansão do coração (enquanto se enche de sangue) que o empurrava contra o peitoral e dava origem ao barulho do batimento cardíaco e, portanto, era a parte importante do ciclo.

92 STUART FIRESTEIN

É claro que se trata justamente do contrário – a contração muscular do coração é o que agora entendemos como o batimento cardíaco. Um erro fácil de cometer, mas que inverteu completamente o mecanismo do coração, tornando-o um dispositivo de sucção em vez de uma bomba. Sem a simples correção de Colombo, seria impossível entender o sangue como um fluido circulante que é bombeado rumo ao corpo pelas artérias e retorna passivamente pelas veias. De algum modo, a descoberta de Colombo não se saiu tão bem quanto a do seu homônimo genovês e foi esquecida – ou ignorada – durante mais cem anos, até que William Harvey a redescobrisse.

Harvey mudou tudo. O tempo é o período de 1600 a 1630 – contemporâneo de Galileu, mas algumas décadas *antes* de Newton (que nasceu in 1642). Harvey também passou algum tempo em Pádua, o grande centro de anatomia estabelecido por Vesálio. Na verdade, ele era um visitante na cidade quando Galileu estava dando as suas notoriamente populares palestras públicas. O que Harvey levou de volta à Inglaterra, no início de 1600, foi uma nova paixão pela anatomia comparada – a compreensão de que os outros animais geralmente eram semelhantes aos seres humanos, ainda que fossem diferentes em certos detalhes. Depois de cogitar durante uns vinte anos, ele finalmente publicou o seu grande trabalho, *Um tratado anatômico sobre o movimento do coração e do sangue nos animais*, em 1628. Essa publicação de 72 páginas, pouco mais que um opúsculo, transformou a visão científica do corpo humano. Harvey tinha integrado a fisiologia à anatomia. O corpo deixara de ser uma lista de partes. A estrutura fundiu-se com a função e se integrou ao funcionamento das outras partes do organismo. Isso era Galeno e Vesálio, mas sem a teleologia ou a teologia. Assim como Copérnico e Galileu tiraram o homem do centro do Universo, Harvey nos mostrou que ele era mais uma máquina do que uma criação divina. A ciência estava propiciando uma visão de mundo radicalmente nova, e o gênio se cansou da garrafa.

As etapas reais e os experimentos feitos por Harvey para fundamentar a natureza circulatória do sangue são uma lição de ciência maravilhosa, embora muito longa e minuciosa para examiná-la aqui.

Os principais *insights*, no entanto, eram simples a ponto de nos fazer perguntar como aquilo podia ter tardado mais de 1.500 anos a chegar até nós. O primeiro é que o sangue passa entre os dois lados do coração, um deles (o direito) conectado aos pulmões (ou sistema pulmonar) e outro a todo o resto do corpo. Essa ideia e a evidência para ela datavam de cem anos antes, mas foi desconsiderada e até suprimida porque não correspondia à visão de Galeno e não oferecia lugar em que colocar o importantíssimo pneuma (lembre-se que Erasístrato também viu isso quase dois mil anos antes). Quando Harvey redescobriu e aceitou essa ideia crucial, a pergunta passou a ser: de onde vinha todo aquele sangue? O dogma galênico afirmava que o sangue era produzido no fígado e saía por poros invisíveis rumo aos órgãos e através da pele. Em um cálculo simples, Harvey estimou que o ventrículo contém cerca de 57 gramas de sangue. Se o coração bater 72 vezes por minuto, o ventrículo esquerdo bombeará nada menos que 25.492,6 gramas na aorta – notáveis 245 quilos de sangue, mais que três vezes o peso de um homem comum! Até *lady* Macbeth ficou chocada com a quantidade de sangue que saiu das feridas fatais de Duncan: "Mas quem pensaria que o velho tinha tanto sangue dentro de si?" (*Macbeth*, ato V, cena 1). Havia, é claro, somente uma explicação – era o mesmo sangue dando voltas e voltas.

É difícil exprimir a importância desse *insight*. Ele é tão simples que você poderia imaginar uns cem cientistas anteriores batendo na testa e perguntando: "Por que eu não pensei nisso?". Mas também é tão revolucionário que muda completamente e para sempre o modo como pensamos o corpo humano. Nisso, ele não é menos notável que Copérnico vendo que a Terra girava em torno do Sol, ou que Galileu e depois Newton elaborando o conceito de inércia. Da noite para o dia, Harvey destruiu todos os vestígios das ideias milenares de forças vitais e pneumas. Ele inaugurou a era da investigação racional e da fisiologia experimental como a marca registrada do estudo dos sistemas vivos. Pela primeira vez, a vida deixou de ser a província da teologia e da filosofia; agora passou a pertencer também à ciência.

Só que não aconteceu assim. Teria sido se o trabalho de Harvey tivesse varrido todo o despautério que o precedeu, mas levou

94 STUART FIRESTEIN

mais algumas décadas para que a circulação do sangue e as suas consequências fossem amplamente aceitas. "Prefiro estar errado com Galeno a estar certo com Harvey", teria dito um grupo de médicos influentes da época. Uma forma de vitalismo continuou a perseguir o pensamento biológico durante o século XIX, e a sangria seguiu sendo o tratamento médico favorito de quase todas as doenças concebíveis pelo menos até o fim do século XVIII. Para que medir o pulso e a pressão arterial viesse a ser uma prática médica comum passaram-se outros *duzentos anos*! Nem mesmo as ideias cuja credibilidade deveria ser imediatamente óbvia podem escapar da névoa da inteligência humana.

Aliás, onde nós estamos com o sangue hoje em dia? Não conseguimos decidir se o colesterol é bom para nós ou não, ou qual é o seu nível certo. Fazemos angioplastia para desobstruir as artérias, mas há debate sobre o seu valor duradouro *versus* as mais radicais cirurgias de revascularização. Atualmente, a pressão sanguínea é medida obsessivamente, mas ainda não sabemos a variação exata que é aceitável ou o que significam as diferenças na pressão arterial entre os sexos, as raças e as idades. Quanto tempo tardamos a entender a dinâmica de uma doença transmitida pelo sangue como a aids? Só recentemente reconhecemos que o sangue também é um importante órgão imunológico. Na verdade, só recentemente passamos a encarar o sangue como um órgão. Como é bom ver o quanto ainda não sabemos.

Peço desculpas por essa narrativa talvez demasiado longa, mas eu tinha dois propósitos em mente. Um deles era fornecer uma alternativa para a muito trabalhada história da física de Newton a Einstein como a narrativa final da ciência ocidental. Também estavam acontecendo outras coisas. Havia uma revolução científica, e não só na física. O segundo e mais importante propósito era mostrar que a narrativa de qualquer descoberta não é tão direta quanto os livros didáticos e as enciclopédias querem que você acredite. Essa levou quase dois mil anos e, ao contrário do meu propósito, mas por necessidade, eu me limitei a cobrir somente as figuras principais. Havia dezenas de outras, algumas contribuindo com dados

FRACASSO 95

corretos, mas ideias erradas, algumas acrescentando dados errados, algumas insistindo em um modo em oposição a outro por motivos religiosos ou filosóficos, e outras tentando olhar unicamente para os dados, mas através de lentes tortas moldadas pelos séculos de pensamento que os precederam. Houve longos períodos em branco em que nada aconteceu. Muitos becos sem saída, desvios, pistas falsas e, ainda mais frustrante, muitas ideias corretas que, por todos os tipos de motivo, foram desconsideradas e esquecidas. Trata-se de um processo de acumular bons fracassos sobre grandes fracassos, somando um *insight* que é fácil subestimar a partir da nossa perspectiva atual, mas que iludiu as melhores mentes durante séculos. E essa história não é especial no que diz respeito à narrativa. É o que está acontecendo agora nos laboratórios do mundo todo. Nas ciências do clima, na biologia celular, na física, na química, na matemática – em todos os lugares – cometem-se erros em um ritmo inacreditável. E o progresso é o resultado.

8
O Método Científico do fracasso

O sucesso é avançar de fracasso em fracasso sem perder o entusiasmo.

Não dito por Winston Churchill nem por Abraham Lincoln

Em *Ignorância*, eu tinha não poucas palavras, e na maioria indelicadas, para falar no Método Científico – particularmente na ideia da hipótese. Vituperei o Método Científico como um conceito ridículo que nenhum cientista verdadeiro pratica deveras e que só é ensinado para escolares, presumivelmente para fazer que a ciência pareça tão pouco criativa quanto possível. *Método* implica que existe uma regra para fazer ciência, uma receita a ser seguida, como se ela fosse uma máquina de fazer descobertas. Essa é uma concepção completamente errônea da ciência. Eu me tornei um pouco conhecido quando afirmei em uma palestra TED que o que os cientistas realmente fazem em vez de seguir esse procedimento metódico e ordenado é mais como "perder tempo por aí". O que quero dizer com isso naturalmente não é uma bobagem ociosa e sem sentido. Refiro-me a chapinhar, mexer, enrolar, brincar – ou algo parecido. É sério, mas não muito constrito.

98 STUART FIRESTEIN

Mais que isso, tenho vociferado contra a ideia da hipótese, o primeiro passo do Método Científico. Essa ideia anda por aí há um tempão e causa muitíssimos problemas. A minha preocupação com a hipótese é que ela leva à parcialidade, na verdade geralmente não está onde a ciência começa, e tem sido tão terrivelmente abusada pelas agências de subsídios governamentais e pelos currículos educacionais que seria melhor simplesmente jogar a ideia fora de uma vez. A maioria dos cientistas deixou de usar a palavra *hipótese* em proveito de *modelo*, que soa mais moderno – como em "O nosso *modelo* dos efeitos humanos sobre o clima prevê o aumento da temperatura da superfície do planeta em x graus em z anos". Um modelo científico é mais ou menos sinônimo de *teoria* ou *hipótese*, mas, de algum modo, parece menos uma coisa acabada, mais um trabalho em andamento, fluido, provisório e que precisa ser aprimorado.

Mesmo que aceitemos o Método Científico como uma espécie de descrição geral de como a ciência deve proceder, é de pouca ajuda prática. Os passos são os seguintes: (1) observar; (2) formular uma hipótese; (3) projetar um experimento que manipule a causa hipotética e observe o resultado novo; (4) atualizar a hipótese com base nos resultados e projetar novos experimentos. E então, como afirma o paradoxo do xampu (ensaboar, enxaguar, repetir...), fazê-lo outra vez... e outra vez. Tudo isso parece bom, só que nenhum cientista que eu conheço segue realmente essa prescrição. Ela foi originalmente desenvolvida na sua forma mais ou menos moderna pelo famoso empirista Francis Bacon, que, em uma reviravolta irônica, morreu em consequência de ter seguido o método – talvez um aviso para os cientistas futuros. Em uma viagem durante uma tempestade de neve, ocorreu-lhe a ideia de mostrar que o Método Científico podia ser aplicado com sucesso ao problema da conservação da carne. Ele presumiu que as temperaturas frias conservariam a carne mais tempo. Parando para colher gelo e neve a fim de rechear a carcaça de uma galinha, Bacon apanhou uma febre e morreu de pneumonia menos de uma semana depois. Segundo uma carta que escreveu pouco antes de sucumbir, o experimento foi um sucesso. De modo que pelo menos houve esse consolo.

FRACASSO 99

Tudo perfeito, só que não se diz nada sobre como chegar realmente a uma hipótese. A verificação da chamada hipótese é a etapa mais prosaica do processo, tanto que não há necessidade de instruções para isso. Por outro lado, a etapa mais crítica de todo o ciclo, a que exige uma poção mágica de criatividade, pensamento, inspiração, intuição, racionalidade, conhecimento passado e ponderação nova – sobre isso o "Método" Científico nada tem a dizer. "Forme uma hipótese." Ótimo. *Como* se faz isso precisamente? Acaso as hipóteses simplesmente vêm em um catálogo e a gente escolhe a que fica melhor? E se parecer que há duas ou mais hipóteses – como escolher entre elas? Como decidir que uma hipótese é mais adequada do que a outra? É como dar um pincel a um estudante de arte e mandá-lo "fazer pintura". Bacon acreditava que a carne podia ser conservada pela temperatura baixa. Não sabemos por que ele acreditava nisso; naquela época, não havia um conjunto de conhecimento que levasse a essa conclusão. Os organismos microbianos eram desconhecidos e inimagináveis para Bacon. Ele podia facilmente ter pensado que o aquecimento conservaria a carne – como a defumação de fato faz. Portanto, o experimento fatal resultou de uma ideia que pertencia inteiramente à mente de Bacon – ainda não contava com o apoio de nenhuma observação, a não ser a mais fortuita.

Ironicamente, isso está muito mais próximo de como a ciência realmente funciona. Não como Bacon a imaginava, mas como ele a fez. Isso é mais bem caracterizado, como eu disse anteriormente, por *não* seguir regras de nenhum método investigativo. Trata-se de um estado de espírito mais adequado a *criar* problemas – não a resolvê-los. E então identificar o problema certo entre muitos usando a intuição, o instinto, a percepção, o talento, o impulso irracional e, claro está, o conhecimento, para identificar algum mistério, alguma incerteza que o atormente e o motive a tentar uma loucura após outra até que algo lhe dê o vislumbre de uma solução possível. É a parte criativa da ciência, na qual não há receita nem método que o instrua simplesmente a depositar dados, a girar a manivela e obter resultados. Isso talvez seja mais bem descrito por um provérbio que citei na abertura do livro *Ignorância*: "É dificílimo achar um gato preto em

100 STUART FIRESTEIN

um quarto escuro. Principalmente se lá não houver gato nenhum". Tropeçar em quartos escuros à procura de gatos pretos que podem não estar lá é a melhor descrição da ciência cotidiana que eu conheço.

De modo que, no fim das contas, o Método Científico é mais perigoso do que se fosse apenas uma aproximação esquisita do que os cientistas fazem – e tem aquela característica infeliz de dar a impressão de que diz alguma coisa quando, na verdade, não diz absolutamente nada. O resultado desse tipo de formulação é que todo mundo fica satisfeito com o estado de coisas – ela foi explicada, entra nos livros didáticos, é o que os alunos aprendem e no que podem ser examinados – mas nada tem de verdadeira nem de correta nem de aproximadamente correta. Esse "Método" é uma calamidade.

O que pode substituí-lo?

A primeira opção a ser considerada é "nada". O Método Científico não precisa ser substituído porque, na realidade, nunca esteve presente. Era uma abstração, uma simplificação, uma impostura, uma descrição de algo que ninguém jamais usou. Para a maioria dos cientistas, creio que essa solução seria boa. Para começo de conversa, por que substituir algo que nunca existiu? Acaso é possível ter uma descrição simples, única e estereotipada de como fazer a ciência funcionar? Talvez a melhor política seja principalmente nem falar nisso. Não tentar ser demasiado atencioso ou demasiado carinhoso ou demasiado afetado. Certifique-se de que ela seja alimentada e agasalhada e então deixe-a brincar lá fora – com a frequência e durante o tempo que você puder.

Mas temo que isso não satisfaça o público, nem as agências de fomento, nem a imprensa científica popular, nem os tsares do currículo. E, se não substituirmos esse conceito pervasivo, ainda que vazio, por alguma coisa, essa gente simplesmente continuará a usá--lo porque faz tanto tempo que ele está aqui e é uma simplificação fácil, e é menos complicado do que uma descrição prolixa do processo real – com a qual ninguém pode concordar, seja como for.

Então, correndo o risco de provocar a ira tanto dos meus colegas cientistas quanto dos meus amigos de confiança na filosofia, na história da ciência e sabe-se lá onde mais, vou fazer uma tentativa

FRACASSO 101

arrogante de construir uma alternativa para o Método Científico. Algo um pouco mais preciso do que simplesmente "despirocar" – porém não muito mais.

Comecemos com "tropeçar em um quarto escuro" e vejamos se podemos construir sobre isso. Então você começa brincando, experimentando coisas, mesmo coisas que, na sua opinião, têm pouca chance de funcionar. Não qualquer coisa, é claro. Muitas vezes isso tem origem em algo que você pode ter observado ou lido a respeito ou ouvido em um seminário – algo que você não sabe explicar. Os cientistas são movidos por um desejo, talvez uma necessidade ou obsessão de explicar. A explicação é o melhor tipo de compreensão que existe. Há muitos outros modos pelos quais você pode "entender" uma coisa – religiosa ou espiritualmente, moral, ética, legal, social e até mesmo intuitivamente. Mas a compreensão pela explicação é uma particularidade da ciência.

A ciência entende algo por ter uma explicação, e um tipo particular de explicação que difere das explicações dadas pelas outras abordagens. Uma explicação científica não lhe diz apenas por que algo acontece do modo como acontece, mas também como e por que é provável ou não que volte a acontecer no futuro, tendo em conta certas condições. Repare que a explicação científica *não* tenta fornecer significado. Deus, dizem eles, é imprevisível, ou pelo menos não podemos conhecer os seus caminhos misteriosos; a moralidade e as leis diferem de cultura para cultura; a intuição, bem, a intuição talvez funcione em certas circunstâncias, e talvez não. Todas essas são explicações, mas não são melhores (e muito menos divertidas) do que *Histórias assim* de Kipling. Elas não explicam de um modo que possa ser aplicado sem levar em conta as fraquezas sociais e os preconceitos humanos. Não são independentes de tudo, salvo da observação.

O inteligentíssimo cosmólogo e pensador David Deutsch, em um livro que, para o bem ou para o mal, é maior e mais profundo do que uma leitura casual permite, apresentou essa ideia de explicação melhor do qualquer outro que eu tenha visto. Estou tomando muita coisa emprestada dele nesta discussão. Recomendo o seu livro

102   STUART FIRESTEIN

The Beginning of Infinity [O início do infinito], mas aviso – é um compromisso.

Vamos tentar levar a explicação um pouco mais adiante. Uma coisa que podemos observar acerca das explicações *científicas* é que elas sempre estão sendo revisadas. Eu faria disso uma parte da definição de uma explicação científica: ela pode ser e será revisada. A princípio, isto parece solapar a ideia de explicação – afinal, a explicação é um relato de como e por que algo acontece ou aconteceu. Se ela for revisada – isto é, se ela não é a história completa –, até que ponto é realmente uma explicação? Esta é precisamente a magia das explicações científicas. Elas podem ser, e geralmente são, corretas, mesmo quando estão incompletas. Deutsch afirma que isso ocorre porque uma boa explicação, uma boa explicação científica, é muito difícil de mudar. O que quer que ela tenha explicado tem de ser explicado em qualquer explicação nova ou revisada. De modo que a explicação pode mudar conforme os dados novos exigem, mas você não pode e não deve simplesmente jogar fora a explicação antiga.

Acho que isso está na base do erro comum que muita gente comete no tocante ao famoso modelo de mudança de paradigma introduzido pelo historiador Thomas Kuhn. Trata-se daquele em que a ciência progride e cresce aos solavancos, até começar a se deparar com dados inexplicáveis aqui e acolá, e, quando esses dados inexplicáveis chegam a uma massa crítica, tem de haver uma grande reviravolta, uma mudança tectônica dos paradigmas fundamentais, rumo a um novo conjunto de explicações. O exemplo clássico disso é a mudança, na física, da mecânica de Newton para a relatividade de Einstein, do tempo e do espaço absolutos para os quadros relativos de tempo e espaço. Mas até mesmo Kuhn admite que a ideia se tornou um exagero. Einstein não provou que Newton estava errado, somente que havia uma explicação potencialmente mais ampla, que seria uma aproximação maior de como o Universo parecia ser. Não é como se 250 anos de física e engenharia baseadas nos princípios newtonianos estivessem todos errados e tivéssemos de recomeçar tudo. Newton não foi jogado no lixo por causa de Einstein – pergunte a qualquer estudante de física do ensino médio. Mas por certo houve uma mudança paradigmática na explicação.

Muitas vezes, esses vários paradigmas ou sistemas de explicação podem coexistir, mesmo que cada um deles tenha uma deficiência como explicação total. Hasok Chang, da Universidade de Cambridge, argumenta que o dispositivo GPS, que todos conhecemos tão bem, incorpora confortavelmente quatro sistemas científicos diferentes. Usa relógios atômicos que são o resultado do modelo de física quântica de átomos, em satélites colocados em órbitas calculadas pela mecânica newtoniana, exigindo uma correção relativística de baixa gravidade com relógios baseados na Terra – tudo prestando o serviço de nos fornecer o mapa de uma Terra plana!

É claro que há explicações ruins, mas estas geralmente desaparecem, pelo menos na literatura científica. Às vezes, elas permanecem mais tempo do que você poderia esperar, porque são explicações muito boas durante algum tempo. E então fracassam, sem a menor esperança de revisão. A frenologia, a ciência (antigamente era considerada ciência) que determinava os traços da personalidade a partir da configuração externa e das medidas do crânio, é uma dessas explicações que não resistiram ao teste do tempo, mas teve um impacto importante na neurociência. Foi a primeira vez que se propôs o cérebro como a principal, senão a única, fonte do pensamento, da emoção e da personalidade (em vez do coração, do intestino, do pâncreas, do fígado etc.). Além disso, a frenologia considerava que muitas dessas características se localizavam em partes específicas do córtex cerebral. Isto é, certos traços comportamentais ou cognitivos surgiam em locais específicos do cérebro. Uma instância mais forte ou mais fraca de uma dessas características se refletia no aumento ou na diminuição do tamanho dessa parte no cérebro. Isso, por sua vez, apareceria como uma protuberância maior ou menor no crânio sobrejacente. Como todos tinham o crânio ligeiramente diferente, com protuberâncias diferentes, seria possível examinar o crânio de uma pessoa e fazer previsões sobre a sua personalidade. Claro que tudo isso era bobagem. Tratava-se de uma explicação ruim em quase tudo. Mas que continha dois princípios novos e corretos da

104   STUART FIRESTEIN

neurociência – o cérebro é a fonte da personalidade, e suas funções são amplamente localizadas. Atualmente, esses dois princípios são considerados fundamentais nos estudos do cérebro e deram origem, ainda que indiretamente, aos estudos modernos de EEG e IRM funcional. E os antropólogos podem fazer especulações interessantes sobre a função cerebral dos primeiros hominídeos com base em moldes do seu crânio. Portanto, mesmo as explicações ruins, um fracasso completo nesse caso, podem ter algum valor.

Tudo isso para dizer que *buscar uma explicação* pode ser uma descrição daquilo que a ciência faz melhor do que a de qualquer Método Científico. No que elas diferem? O Método Científico sugere um tipo de busca muito desapaixonada, desapegada e na terceira pessoa. Como observei, ele realmente não lhe diz como formar uma hipótese, somente que você meio que inventa uma passivamente, às vezes a partir do nada. Você observou algo objetivamente (como se houvesse tal coisa para um ser humano), e agora uma hipótese se forma. Nada disso tem muito a ver com você; afinal, isso é ciência empírica. Quanto menos ela tiver a ver com qualquer indivíduo, melhor. É claro que gostaríamos que a ciência fosse imparcial e não enviesada, isenta de envolvimento pessoal. Mas esse ideal não é atingível, e talvez não deva ser. A ciência isenta de valores pode ser um objetivo impossível, mas podemos reconhecer plenamente a nossa parcialidade e atrelá-la a um conjunto de procedimentos destinados a eliminar o máximo de viés possível. Por outro lado, se você insistir em agir desapaixonadamente, terá excluído um ingrediente crítico: a paixão. Desapaixonado é facilmente confundido com objetivo.

A busca de uma explicação começa de modo mais apropriado com a curiosidade, e a curiosidade não é desapaixonada ou impessoal. Acho que posso dizer tendo a unanimidade dos meus colegas que ela é profundamente pessoal, a ponto de ser idiossincrática. Você tem curiosidade pelo porquê de as flores terem cores, e, embora eu não me importe muito com isso, sou obcecado pelo fato de elas terem odores diferentes, bons e ruins. Vocês são fascinados pelas pequenas luzes no céu noturno e estão tão longe que ninguém nunca poderia esperar se aproximar de uma delas, ao passo que eu preciso explicar por que as bactérias que não podem ser vistas sem microscópios poderosos enchem as nossas entranhas. Nenhuma dessas buscas é desapaixonada – ou talvez nem mesmo racional, se você pensar nisso. São todas coisas malucas com que se preocupar. Mas cada um desses interesses levou a curas e tecnologias que melhoraram a nossa vida e, mais importante, satisfizeram o desejo comum de conhecer o lugar que nós habitamos. Acaso há uma imagem melhor da ciência do que a curiosidade inocente, mas pessoal, de um biólogo de campo a coletar insetos estranhos e a escolher o seu caminho por um remoto nicho ecológico? Ou a de uma pesquisadora dedicada como Jane Goodall tão profundamente envolvida com o seu assunto, os chimpanzés, que quase se tornou membra do bando?

Na ciência, a busca muitas vezes começa com o fracasso – um experimento aparentemente fracassado o intriga, ou você percebe uma falha em alguns dados existentes, surge alguma inconsistência entre conjuntos de resultados relatados por diferentes laboratórios, ou alguns dados novos põem em questão alguns dados estabelecidos mais antigos. Em outras palavras, há uma falha, mesmo que pequena, na explicação. Como diz a letra de Leonard Cohen: "Há uma rachadura em tudo/ É assim que a luz entra". Uma fresta, uma falha estrutural, como diriam os engenheiros, é por aí, pela nesga, que a luz passa com o seu brilho. É para onde você dirige a sua curiosidade. Onde o fracasso revela a sua ignorância e dá origem à curiosidade – é aí que a ciência começa.

Há inúmeras oficinas sobre como ser criativo, como liberar a sua criatividade interior, como levar soluções criativas ao trabalho e ao mercado, e tudo mais. Eis o ponto principal – ninguém conhece a base neurobiológica ou mesmo psicológica da criatividade, da imaginação ou da curiosidade, muito menos sabe induzi-la de modo confiável. A tática típica da oficina é tentar descobrir o que as pessoas criativas fazem e, a seguir, aplicar a engenharia reversa ao seu comportamento. Uma coisa que surge regularmente é as pessoas criativas serem criativas por juntar coisas que, normalmente, parecem não combinar. Elas podem trabalhar em várias categorias para encontrar soluções novas. Essa é uma interessante observação *post hoc*, mas não chega a ser uma receita para ser realmente criativo. Afinal, primeiro você ainda tem de ter ideias, e agora precisa delas em muitas áreas diferentes e discrepantes. E ninguém pode lhe dizer como fazer isso. Na ciência, e creio que na arte, a criatividade provém do fracasso. Não de juntar as coisas, e sim de vê-las desmoronar. A criatividade surge na discrepância, na ruptura de coisas que foram irrefletidamente unidas durante muito tempo. Nesse espaço, de *não* saber e *não* compreender, a criatividade pode ocorrer. Esse espaço é o vazio do fracasso e da ignorância. De que outro lugar as ideias novas podem vir? Elas não vêm das coisas que você já conhece – a não ser na medida em que essas coisas criarem questões novas. Quando você tenta as soluções óbvias e elas não funcionam, o fracasso o obriga a abrir a mente para alternativas.

É igualmente provável que a criatividade seja mais bem medida pela capacidade de dissociar ideias tradicionalmente indissociáveis. Custa mais dissociar ideias do que associá-las, mas pelo menos você tem por onde começar. O que é melhor do que o fracasso para dissociar o inseparável? As ideias novas provêm do desconhecido e o desconhecido é onde as taxas de fracasso são mais elevadas. Esta é a rota da ciência. A busca contínua e a curiosidade sem fim substituem com razão as fórmulas procedurais simples. A ciência nunca está acabada, e isso serve para aumentar o seu valor.

A palavra *debacle*, que usamos atualmente para denotar "desastre consumado ou fracasso total", tem origem no *débâcler* francês, que significa literalmente "desencadear". Foi usada originalmente em francês no sentido de livrar uma embarcação do que a impede de navegar, sobretudo do gelo acumulado no seu caminho – isto é, quebrar algo sólido para abrir novos caminhos. Ela entrou em uso na língua inglesa no início do século XIX, mas não se sabe como adquiriu a sua atual conotação negativa. Acho que nos convém voltar ao curioso duplo sentido incrustado na sua etimologia – desencadeamento e fracasso – quebrar coisas para revelar um novo caminho. Creio que também poderíamos usar a palavra *criatividade* para isso.

* * *

O famoso e muito meticuloso geneticista François Jacob estabeleceu a distinção entre *ciência noturna* e *ciência diurna* no seu maravilhoso livro *Of Flies, Mice and Men*. Essas duas expressões são tão maravilhosas porque deixam claro imediatamente o que são os dois aspectos da mesma atividade: ciência diurna é a busca lógica, racional – sim, metódica até – de dados; ciência noturna é a busca intuitiva, inspiradora e "qualquer-ideia-vale-a-pena" de descobertas. É, de certo modo, a distinção entre o romântico e o empírico, mas em um nível pessoal. A ciência diurna pode ter um pouco a ver com o Método Científico, como se afirma comumente, mas a ciência noturna é outra criatura e segue regras diferentes – ou não segue regra nenhuma.

É claro que ambas fazem parte do empreendimento, mas todos sabemos que a aventura, os saltos reais, os avanços que mais importam, são o material da ciência noturna, os momentos "Ahá!" que aparecem do modo mais imprevisível. A solidão de tarde da noite, a ausência de um relógio – quando o sol se põe, a noite toda parece a mesma até a primeira luz, ao contrário do dia, que se divide facilmente em manhã, meio-dia e tarde e tem atividades específicas para cada qual. O pensamento noturno parece mais próximo do sonho do que do pensamento diurno. Há menos urgência, menos direção, menos foco enquanto as coisas flutuam, entrando e saindo da mente. É propício à curiosidade.

Mas essas são apenas metáforas. A ciência noturna não se restringe necessariamente ao tempo posterior ao pôr do sol. Pode ser feita em qualquer momento em que a mente esteja na condição certa. A solidão e a escuridão não são requisitos; são simplesmente maneiras de ajudá-la. A ciência noturna pode ser feita na mais brilhante das luzes e no caos de um enorme laboratório a zumbir em plena metade do dia. Pode ser e é feita depois de cada experimento que tem um resultado intrigante – o "Hum, isso é estranho", que Isaac Asimov identificou como a frase predileta dos cientistas ao olhar para os dados.

E que método rege esse tipo de ciência noturna? Ora essa, nenhum, é claro. Então, por que ensinamos e adoramos o Método

108 STUART FIRESTEIN

Científico, que é, na melhor das hipóteses, somente uma pálida descrição do que podemos fazer durante a ciência diurna – e mal dá conta disso? Lamento desapontá-lo, mas a minha tentativa arrogante de substituir o Método Científico falhou – e eu sou grato por isso.

9
O FRACASSO NA CLÍNICA

A medicina é uma ciência da incerteza e uma arte da probabilidade.

Sir William Osler, fundador da
Escola de Medicina Johns Hopkins

O fracasso é especialmente difícil quando se trata de medicina, sendo as consequências nessa área potencialmente desastrosas. A prática da medicina do médico não é, falando rigorosamente, ciência, ou não é apenas ciência. Mas a tecnologia, os procedimentos e os fundamentos da medicina moderna são muito enraizados na ciência. Assim como a tecnologia, muitas vezes é útil pensar nela em termos científicos. Então, o que podemos dizer sobre o fracasso na medicina?

Os nossos ancestrais mais recuados provavelmente se preocupavam com as questões médicas. Essas preocupações podem até ter antecedido o interesse pelos céus, fazendo a medicina ou alguma forma dela, em vez da tão citada astronomia, a protociência mais antiga. Os primeiros seres humanos devem ter sido ativos em descobrir, possivelmente por acaso, mas certamente, pelo menos em parte, por tentativa e erro, tratamentos à base de ervas para dor de dente ou infecções, métodos para administrar o nascimento e

110 STUART FIRESTEIN

a morte, e por certo substâncias intoxicantes (sabe-se que os gorilas modernos selecionam frutas fermentadas devido aos seus efeitos inebriantes; e as renas, cogumelos em virtude das suas propriedades alucinógenas). No entanto, provavelmente muito grosseiros, os tratamentos medicinais devem ter figurado entre os primeiros tipos de informação transmitidos entre gerações, e talvez os primeiros a serem praticados por "profissionais".

Tendo em conta que o efeito placebo funciona até mesmo nos animais, essas práticas médicas rudimentares provavelmente tinham uma taxa de sucesso confiável um pouco melhor do que 30%, o nível geralmente aceitável de eficácia do placebo. Isto é, cerca de um terço da população que recebe placebo em seu tratamento melhorará. É por isso que as diretrizes de teste da FDA* exigem, dependendo dos controles particulares usados, que uma nova droga ou tratamento tenha um resultado de melhora em mais de um terço dos pacientes que o recebem. Há casos documentados em que os placebos foram mais de 60% eficazes. Mesmo entre os seres humanos primitivos, que praticavam as intervenções médicas mais rudimentares, a taxa de falha pode ter sido enganosamente baixa. A maioria dos xamãs teria uma vida decente curando 33% dos males da tribo e, sem dúvida, acreditava nos procedimentos então usados.

Os placebos são um dos aspectos mais confusos do fracasso na medicina. Desde a descoberta de novos medicamentos até a valência da atitude à beira do leito, o placebo confunde o fracasso com o sucesso aparente. Por se tratar de medicina, também há um componente ético. Afinal, se o placebo funcionar, se o paciente melhorar, ele não deveria fazer parte da caixa de ferramentas médicas tanto quanto o medicamento ou o procedimento caro? Se a atenção do médico basta para curar a doença, essa não seria a primeira coisa a tentar? (Muitas vezes eu gracejei dizendo que prefiro tomar placebo – a gente obtém todos os benefícios e nenhum dos efeitos colaterais. Muito embora isso não seja verdade, já que, nas condições certas,

---

* Food and Drug Administration (FDA), órgão norte-americano equivalente à Agência Nacional de Vigilância Sanitária (Anvisa) brasileira. [N. T.]

os placebos também podem produzir efeitos colaterais.) Por outro lado, é adequado procurar um tratamento que você sabe que é inútil do ponto de vista científico puramente empírico – o comprimido que só tem ingredientes inertes ou a sofisticada máquina com as luzes do painel piscando para dar a impressão de que estão fazendo alguma coisa?

O modo de funcionamento do efeito placebo continua sendo um tanto misterioso. Embora numerosos estudos, tanto grandes quanto pequenos, tenham estabelecido a realidade dele, nenhum determinou realmente sua causa. Em termos vagos, é algo claramente psicológico. Tal como a hipnose, algumas pessoas são mais suscetíveis a ele. Mas não confunda suscetível com crédulo. Muitas vezes, as pessoas que se dizem muito sofisticadas para ser suscetíveis aos efeitos placebo (ou à hipnose) estão, contudo, entre aquelas em quem eles funcionam. Na verdade, o efeito placebo se estende aos médicos que administram o tratamento: quando acreditam que estão dando uma droga real, os resultados são melhores do que quando não sabem se é o placebo ou o tratamento experimental. Os próprios médicos às vezes são placebos. É por isso que a maioria dos estudos são conduzidos em condições "duplamente cegas" – nem o médico nem o paciente sabe qual tratamento está sendo usado.

Do ponto de vista científico, o efeito placebo é um incômodo. É interessante estudá-lo por conta própria, especialmente quando isso se reflete nas mal compreendidas interações entre a mente e o corpo, e há um considerável esforço de pesquisa atual direcionado a compreendê-las. Mas, como isso interfere no fracasso, fazendo com que ele pareça sucesso, complica-se o aprendizado de por que determinado medicamento ou tratamento funciona ou não. Para os propósitos egoístas deste livro, esse é um exemplo perfeito de por que um fracasso bom e confiável é tão importante.

Vamos mudar um pouco de assunto agora e examinar os verdadeiros fracassos na medicina. Tanto quanto é importante o fracasso para a prática da ciência, geralmente ele é um resultado terrível e dificilmente desejável na medicina. Entretanto ele acontece, e compreendê-lo e usá-lo não é menos importante na prática diária da medicina e para o desenvolvimento dos seus instrumentos e tratamentos do que em qualquer outra área da ciência. Aqui também há o obstáculo legal, e, portanto, as ramificações financeiras que podem acompanhar os fracassos médicos. Aqui, como em outros lugares, devemos ter o cuidado de fazer a distinção entre o erro descuidado e verdadeiro fracasso.

Até o modo como se mede o fracasso na medicina é diferente, embora se usem confusamente as mesmas frases para expressar probabilidade normal. Quando informado de que um procedimento é bem-sucedido em 95% dos casos, o paciente pode não perceber que isso significa que, para uma em vinte pessoas, será um fracasso de 100%. Isso é bem diferente de algo que, quando aplicado, tem 95% de sucesso. Essas são coisas muito diferentes, que alteram para onde olharíamos a fim de melhorar os resultados ou como um paciente e um médico devem chegar a uma decisão sobre o uso de determinado procedimento ou medicamento. É uma questão de entender precisamente o fracasso e de comunicá-lo precisamente.

Entrevistei uma médica maravilhosa cuja confiança vou manter aqui. Basta dizer que ela é uma líder no campo da cirurgia orbital. Não, a doutora não trabalha para a Nasa, embora ela até admita que esse tipo de especialidade em cirurgia orbital seria fascinante. A cirurgia orbital é muito delicada, muito crítica, muito focada e repara aquilo que é comumente conhecido como cavidade ocular e os ossos circundantes. É uma mistura de cura e cosmética – consertar o que mantém os olhos no lugar é fundamental para a visão e, geralmente, o problema seria gravemente desfigurante sem o cuidado de um cirurgião plástico. A patologia orbital é tão especializada que, para ela, o olho é apenas aquela coisa que preenche o espaço no qual ela trabalha. As suas principais operações envolvem a remoção de tumor, a descompressão orbital para doença da tireoide (que causa olhos salientes) e a reconstrução após um trauma orbital – que ela classifica nos homens como tipicamente causado pelo "punho do novo namorado da ex-namorada". A dra. I, como vou chamá-la, não tem tempo para a incompetência em medicina e principalmente em cirurgia, em que é possível causar danos reais, muitas vezes em nome da cura. Isso, acredita ela, se deve em parte aos incentivos antiéticos baseados em dinheiro na medicina e também em parte se deve ao ego, que parece ser um pré-requisito para quem se torna especialista cirúrgico. Os fracassos por essas causas são imperdoáveis. Mas há fontes mais profundas de fracasso que talvez sejam endêmicas na medicina. Esses fracassos devem ser perdoáveis se quisermos progredir. É nesse fio da navalha de tornar úteis os fracassos médicos que a dra. I tem uma experiência singular.

A dra. I pertence a um clube notável e aparentemente único. Não tem nome nem *site*, tem somente quarenta membros, cirurgiões orbitais do mundo inteiro, todos convidados vitalícios, e mantém uma reunião fechada uma vez por ano, na qual a presença é absolutamente obrigatória. Quem perder uma reunião está fora do clube. E nessa reunião eles discutem os fracassos. Espera-se que cada membro venha preparado com uma apresentação dos fracassos que tiveram no ano anterior. De um caso único a poucos casos. Fracassos de diagnóstico, de técnica, de tratamento. Fracassos pessoais e fracassos profissionais. Ao contrário de uma conferência normal, você não faz a sua apresentação e depois responde a algumas perguntas dos participantes. Você é interrompido constantemente, questionado, interrogado sobre os detalhes, as alternativas, sobre o que você pensava então, o que pensa agora. Os erros são esperados e confrontados. A plateia, o clube, é composta pelos líderes no campo. Como a dra. I observa ironicamente, o seu público é a sua biblioteca – todos os livros didáticos estão ali na plateia. Finalmente, o objetivo do clube não é meramente se autopunir, e sim disseminar o conhecimento colhido nessa pequena reunião especial. O clube é projetado para sondar fracassos irrepreensíveis, coisa que você não poderia fazer em um fórum público maior. Mas o seu verdadeiro valor fica evidente quando os membros deixam a reunião e escrevem ensaios, revisam livros didáticos, dão palestras ou fazem consultas.

Todo hospital importante realiza uma reunião semanal conhecida como M&M, sendo que M&M significa Morbidade e Mortalidade, isto é, ferimentos e morte. Essas assembleias geralmente tensas não são totalmente diferentes daquelas do clube que acabo

114 STUART FIRESTEIN

de descrever, embora a organização da dra. I seja uma ou duas décadas anterior às reuniões regulares de M&M, embora a ideia tenha estado presente e haja resistido muitas vezes desde 1900. Mas também há diferenças importantes.

Nas reuniões de M&M de hospital, a hierarquia médica fica exposta. Os cirurgiões mais antigos e graduados se sentam na primeira fila; os residentes principais apresentam os casos que resultaram na morte de um paciente ou incluíram algum outro erro potencialmente fatal. As descrições estão no tempo passivo – ninguém faz besteira: em vez disso, tentou-se um procedimento sem sucesso; o "setor de anestesia", não uma pessoa particular, "foi capaz de uma intubação de vias aéreas". A responsabilidade é inteiramente do médico assistente do caso, estivesse ele no hospital ou não no momento do incidente. É função do assistente supervisionar todos os casos; ele é o médico responsável. Essa pessoa pode delegar um trabalho a um residente ou a um enfermeiro, mas ela é a responsável final e responde à pergunta final: o que você teria feito de modo diferente? Normalmente, a resposta tem a ver com alguma questão procedural que envolva ter o pessoal certo no lugar e no momento certo, e se faz uma nota para melhorar isso, então os procedimentos passam para o caso seguinte.

Não quero dar a impressão de que essas reuniões não passam de um *show*. Elas têm tido um efeito significativo sobre a prática médica e na descoberta de áreas em que se cometiam erros desnecessariamente. Mas, via de regra, não desafiam a prática aceita – somente a maneira como está sendo realizada. O clube da dra. I é diferente nesse aspecto importante. Em primeiro lugar, é pessoal e não hierárquico, e é ativo e não passivo. Ironicamente, é mais fácil ser aberto em um grupo fechado do que em uma suposta reunião aberta. "Eu fiz isso e não funcionou." Ela diz isso com simpatia e compaixão, mas também factualmente. As perguntas são feitas ao indivíduo real que fez o procedimento, e é a sua percepção de por que não funcionou ou de por que deu errado que é assim disponibilizada. As técnicas, não só a competência, são questionadas. Os métodos de prática que foram aceitos há anos são questionados em casos específicos.

FRACASSO 115

Isso poderia ser feito de modo diferente? Isso deveria ter sido feito? A dra. I afirma que um número assustador de casos é do tipo em que não fazer nada teria sido a melhor escolha. Então por que não se optou por essa escolha? Acaso era possível saber antecipadamente que não fazer nada teria sido melhor? No futuro, como você poderá reconhecer quando seria melhor não fazer nada? Como convencer o paciente de que a melhor opção é não fazer nada? O antigo ditado na prática médica *primum non nocere* (primeiro, não prejudicar) é frequentemente negligenciado nesta era intervencionista.

Até a incompetência pode ser ocasionalmente positiva – confere humildade, redefine o seu ego, ressuscita a sua vigilância e, finalmente, aumenta a sua confiança. Isso pode parecer paradoxal, mas a dra. I descreve cirurgiões entrando em um procedimento com apreensão em virtude da pressão percebida por ter de atender expectativas que eles reconhecem como irrealistas. Administrar expectativas médicas, não só do paciente como também do médico, é fundamental, e pelo menos um modo de atingir esse objetivo é manter uma atitude adequada para com o fracasso.

Não quero me alongar muito na medicina porque ela é bem repleta de questões morais e éticas. Para não mencionar a economia, que passou a conduzir grande parte dela. Refiro-me não só aos médicos, porém ainda mais a toda a infraestrutura médica – dos hospitais às companhias de seguro, dos fabricantes de dispositivos e instrumentos à indústria farmacêutica. A medicina é uma ciência, uma arte e, receio eu, agora uma indústria. Isto merece claramente um livro próprio sobre o fracasso, mas não sou a pessoa indicada para escrevê-lo. Tendo tido a oportunidade de interagir com a dra. I, no entanto, pareceria negligência pelo menos não mencionar essa história notável.

10
RESULTADOS NEGATIVOS

COMO AMAR OS SEUS DADOS SE ELES ESTIVEREM ERRADOS

Caso se espere que uma máquina seja infalível, ela não poderá ser também inteligente.

Alan Turing

Então você tem uma ideia e faz um experimento para ver se sai do jeito que você acha que deve sair se ela for correta. Este é mais ou menos o Método Científico que a gente aprende na escola e que ninguém segue realmente. Mas digamos que nesse caso você siga mais ou menos o método e faz o experimento, na esperança de que ele mostre que algo funciona da maneira que você imaginou que funcionaria. E então ele não mostra isso. Que decepção. Você torna a fazer o experimento, o que é uma chatice e tanto, mas é evidente que cometeu um erro em algum lugar e só precisa se concentrar um pouco mais dessa vez e ter certeza de que deu todos os passos certos. Assim, você repete o experimento, e que droga se ele ainda não der certo. Você examina o seu caderno para ver se fez tudo da maneira que devia e parece que sim. Chegou definitivamente a hora de ir tomar um café, presumindo que não seja tarde o suficiente para ir tomar uma cerveja. Trata-se claramente apenas de um problema técnico, ou com você, embora tenha sido cuidadoso, ou com um dos

118 STUART FIRESTEIN

reagentes – o nome chique dos ingredientes. Será que as concentrações de sal estavam erradas? Quem misturou essa solução, afinal? O novo estagiário no laboratório? Ele decerto pode ter feito alguma asneira. Tomando uma nova decisão, você trata de misturar tudo outra vez, partindo do zero, e fazendo tudo com as próprias mãos. De volta à bancada.

Talvez dê certo, enfim. Ou talvez isso nunca aconteça porque você teve a ideia errada. Se der certo, pode vir a ser um conjunto de dados em uma figura em um artigo, parte de uma análise estatística ou talvez até uma figura significativa por si só se o resultado for suficientemente central para a história. Mas, se nunca der certo, normalmente há de ficar enterrado em um caderno de laboratório que ninguém jamais lerá, nem mesmo você. Pode aparecer em uma discussão em uma conferência, no bar tomando uma cerveja quando alguém disser: "Ei, eu me pergunto se você isso e aquilo...", e você diz: "Não, eu tentei isso e nunca deu certo". Isto é conhecido como resultado negativo.

Na maior parte das vezes, os experimentos não dão certo por um motivo ou outro. Portanto, a maior parte da ciência consiste em resultados negativos. Mas, a não ser que ele aconteça de aparecer no bar em certa reunião em uma noite específica, quem ficaria sabendo disso? Você, o seu amigo mais íntimo no laboratório, talvez alguns outros, se a coisa for discutida em uma reunião de laboratório, o seu orientador. Isso é o mais longe a que chegará. Parece que a maior parte da ciência que acontece nos laboratórios do mundo nunca vê a luz do dia. Estou supondo que você ache que isso, de algum modo, parece errado.

A questão é ainda mais impactante quando se trata de pesquisas que envolvem testes de medicamentos ou tratamentos naqueles que normalmente são conhecidos como ensaios clínicos. Para ser sincero, eu não concebo os ensaios clínicos como ciência, mas essa é a minha visão. De certo modo, eles provavelmente são uma versão mais pura da ciência do que a pesquisa. Os ensaios clínicos são altamente organizados, têm muitos controles, baseiam-se em hipóteses, usam estatísticas sofisticadas, custam muito dinheiro, são feitos por pessoas de

FRACASSO **119**

jaleco branco – pessoas que têm todas as armadilhas da ciência. Na maior parte do tempo, a ciência básica não faz nada mais que bisbilhotar. É o que chamo de descoberta, ao passo que os ensaios clínicos tratam de medir com precisão para descobrir alguma coisa. Sei que as duas coisas soam parecidas, mas basta pensar um pouco nisso para que você perceba que elas mal se relacionam. Uma procura entender e o outro procura ver se algo funciona, mesmo que não compreenda totalmente o seu funcionamento. Bem, voltaremos a isso mais tarde; por ora, vamos nos restringir aos resultados negativos.

Quando os ensaios clínicos falham ou produzem resultados negativos, as apostas ficam um pouco mais altas. Esses dados devem ser publicados (embora só tenham passado a ser publicados rotineiramente quando a legislação recente passou a exigir que o fossem – veja a recente exposição de Ben Goldacre sobre os subterfúgios utilizados pela indústria farmacêutica). Eles devem ser publicados mesmo que não mostrem o que você gostaria que mostrassem – ou pior, mesmo que não mostrem absolutamente nada, o que leva as pessoas a se perguntar por que você tentou tal coisa, para começar. Isso não é totalmente justo; muitas coisas parecem bastante promissoras até o último passo, e então falham. Nós curamos muitas vezes o câncer em camundongos – nenhum camundongo precisa morrer de câncer. Mas praticamente nenhuma dessas curas funcionou nos seres humanos. Ninguém sabe por quê. Então continuamos a desenvolver promissores tratamentos de câncer em camundongos, e eles persistem em falhar nos testes clínicos em seres humanos. Mas qual é a alternativa? Um deles funcionará um dia desses, e então talvez tenhamos alguma ideia de por que todos os outros fracassaram. Mais importante, mas praticamente não investigado, é por que esse é o caso (eis uma das diferenças entre descoberta e medicação.) Aposto que poderíamos aprender algumas coisas interessantes sobre o câncer se voltássemos e examinássemos com cuidado por que um tratamento funcionou em um camundongo e falhou em um ser humano. Mas, que eu saiba, ninguém nunca faz isso. Um ensaio clínico fracassado é uma grande decepção – a perda de dinheiro, de tempo e de esperança é tão desgastante emocionalmente

120   STUART FIRESTEIN

que as pessoas só querem acabar com isso. E quem pode culpá-las? Com tanto tempo e dinheiro indo para o ralo, acaso realmente queremos investir mais para descobrir por que o maldito rato continua se dando bem?

Ultimamente, tem havido algumas perguntas sobre se todos os dados negativos dos ensaios clínicos são publicados, ou se alguns são retidos estrategicamente para aumentar a probabilidade de aprovação da FDA. Como as somas monetárias costumam ser enormes, há muita motivação para falsificar coisas aqui e ali. O caso recente do Vioxx tornou-se, em tempo recorde, um estudo de caso virtualmente histórico. Os graves efeitos colaterais aparentemente surgiram nas primeiras semanas de uso da droga, e talvez até mesmo nos testes clínicos, mas os dados foram suprimidos, ou, na melhor das hipóteses, ignorados ou desconsiderados. Por que isso seria visto como um curso de ação razoável é difícil de saber, já que o resultado inevitável foi que, como a droga era prescrita para um número crescente de pacientes, os resultados negativos apareceriam – só que na forma de derrames debilitantes, ataques cardíacos e mortes, seguidos de ações judiciais. Você se pergunta o que as pessoas podiam estar pensando. É verdade que todo medicamento tem efeitos colaterais. A primeira lei da farmacologia é que todo medicamento tem dois efeitos – aquele que você conhece e o outro. Nada é isento de riscos, mas, se os efeitos colaterais forem graves, só podem piorar quando a droga estiver realmente no mercado.

A lição é que os resultados negativos mantêm você honesto. Denunciá-los o mantém mais honesto ainda. Ser honesto é toda a questão da ciência. O físico Richard Feynman disse o seguinte acerca de fazer ciência: "O primeiro princípio é que você não deve enganar a si mesmo – e você é a pessoa mais fácil de enganar". A ciência é um modo de não nos enganarmos. Admitir e relatar as falhas é a parte mais importante desse processo. Feynman ainda diz: "A ideia é tentar dar toda a informação para ajudar os outros a julgarem o valor da sua contribuição; não só a informação que leva ao julgamento em uma direção específica ou em outra". *Toda* a informação também inclui os resultados negativos.

Ora, tudo isso pode parecer tão óbvio que você pergunta a si mesmo: "Então por que não é assim?". É uma boa pergunta, mas não tão simples quanto parece. Pelo fato de você só poder consertar uma coisa se entender como esta está falhando, vale a pena o tempo ocupado em ver qual é o problema. Vamos dar uma olhada mais de perto.

Há dois tipos de dados negativos. Nós os chamamos de erros Tipo I e Tipo II. No interesse de não o enganar – nem a mim mesmo –, quero salientar, caso você não tenha notado, que acabei de trapacear com você. Juntei e misturei os termos *fracasso, resultados negativos* e *erro*. Eles nem sempre são a mesma coisa, embora obviamente tenham relação. E de onde vem a confusão? Culpe os estatísticos (é o que costumamos fazer). Os estatísticos se interessam especialmente pelo tipo específico de falha que se deve ao erro, e os seus métodos são muito poderosos na compreensão das taxas de erro, da probabilidade de erro e de muitas outras coisas relacionadas com erro. Como muitos resultados são "negativos" em virtude de um "fracasso" em alcançar significância estatística, usamos a terminologia do estatístico para isso – erro. Assim, temos os erros Tipo I e Tipo II – que equivalem vagamente a erros de procedimento e erros de omissão.

Os erros do Tipo I ocorrem quando você encontra algo que não está realmente presente. Às vezes, e de maneira um tanto confusa, isso é chamado de *falso positivo*. Isto é, os seus dados estão errados porque parecem demonstrar algo que na verdade não está presente. Talvez seja um artefato ou uma medição equivocada, mas, por algum motivo, os dados parecem mostrar uma coisa que não é realmente o caso. Os erros do Tipo II ocorrem quando você relata que algo não está presente quando, na verdade, está, e você não percebeu. Um suposto *falso negativo*. Ambos são graves, mas, em ambos os casos é difícil ter certeza do que se passou. Supondo que você faça a análise correta com estatísticas suficientemente poderosas do tipo certo e que tenha produzido os dados do modo mais objetivo possível, usando condições duplamente cegas e todas as outras maneiras com que tentamos não nos enganar, o cometimento de um erro Tipo I será difícil de detectar. Eles quase sempre são por fim encontrados, mas geralmente por algum outro laboratório que, vendo os seus dados de excelente aparência, decide estender esse trabalho e, portanto, depende dos seus dados. Isso é o que os cientistas normalmente denotam quando dizem que um experimento é replicado, e não que outro laboratório simplesmente tentou recriar os seus dados. Isso não só é uma coisa chata de fazer como também é, na minha opinião, uma perda de tempo e de dinheiro. A menos que você realmente suspeite de um resultado publicado ou já tenha obtido um resultado muito diferente e em desacordo com o que foi publicado, há pouca motivação para simplesmente refazer o experimento de outra pessoa.

No entanto, os experimentos são replicados porque o pessoal de outros laboratórios usa os resultados publicados e os métodos nos seus próprios experimentos. Se esses experimentos não funcionarem ou produzirem resultados anômalos, os novos experimentadores podem começar a suspeitar que os dados originais invocados não eram exatos. Atualmente, parece haver muita reclamação na imprensa profissional contra esse estado de coisas. Muitas experiências publicadas acabam tendo dados não confiáveis ou resultados que não resistem a maior escrutínio. Não vejo isso como um problema, e sim como parte normal do processo de validação experimental. Pedir que tudo quanto for publicado esteja inteiramente livre de erros Tipo I seria retardar a publicação, seria reduzi-la a um gotejamento virtual à medida que os laboratórios passassem por repetições e reanálises intermináveis dos seus dados para ter certeza de que eles estavam absolutamente corretos – e então você ainda poderia ser enganado. Eu preferiria ver que coisas feitas cuidadosa e minuciosamente, mas não obsessivamente, entrem na literatura rapidamente para que todos tenhamos acesso a elas. Compete à comunidade descobrir o que está certo e o que está errado em um resultado publicado. E isso nem sempre é tão preto no branco – as coisas não estão necessariamente totalmente certas ou totalmente erradas. Às vezes é necessária uma nova tecnologia para descobrir um erro cometido anos antes, de modo que um resultado pode estar "certo" durante algum tempo e então "errado" em uma ocasião posterior.

Desconfio que grande parte da atual desconfiança pública em relação à ciência é precisamente porque as pessoas não estão familiarizadas com esse processo. O público, por inúmeros motivos – da educação ao jornalismo e à televisão –, passou a acreditar que um artigo científico é a culminância do processo, o ponto final em que tudo está resolvido. Como não o reconhece apenas como parte de um processo que continuará a ser desenvolvido, verificado e validado, fica decepcionado quando os dados não se sustentam ou precisam ser revisados. Mas essa é uma parte normal do processo. O importante é saber em qualquer ponto o quanto você pode confiar em um resultado e o quanto ele ainda precisa de mais validação. Como indicaram o sociólogo Harry Collins e outros, ter esse tipo de informação é o que torna uma pessoa especialista em determinado campo. Retomarei tudo isso mais tarde, em outro contexto. Sigamos em frente com a nossa análise dos erros.

Os erros do Tipo II são uma história completamente diferente. Carregam um fardo especial, pois é sempre mais difícil enxergar uma coisa, certa ou errada, que não está presente. Isto é o que denotamos mais comumente quando dizemos resultados negativos – isto é, fracasso em encontrar algo. Eles são difíceis de publicar e, portanto, muitas vezes não estão sob o escrutínio mais amplo do campo. Mesmo que sejam publicados, raramente recebem muita atenção. Quem se daria ao trabalho de replicar um experimento que mostrou que nada aconteceu? A não ser, claro está, que você ache que algo deveria ter acontecido. Este é visto como um problema por muitos, coisa com que concordo plenamente. Pelos mesmos motivos pelos quais os ensaios clínicos devem publicar esses tipos de resultados negativos, os esforços da pesquisa básica também devem – caso contrário, você não está seguindo o ditado de Feynman sobre fornecer toda a informação para ajudar os outros a julgar o valor da sua contribuição.

Por que os resultados negativos não são publicados? Bem, alguns são, ainda que de modo perverso. Trata-se dos resultados positivos

124   STUART FIRESTEIN

que acabam se revelando negativos quando testados por outros laboratórios. E, conquanto pareça que não precisamos deles, essa não é a solução do problema. Além da dificuldade de reconhecer realmente que se trata de um resultado negativo do Tipo II, sempre há a possibilidade de você não ter obtido o resultado positivo porque fez o experimento errado ou cometeu um erro técnico ou não tinha o melhor equipamento ou qualquer uma de milhares de coisas. Talvez, se outra pessoa fizesse o experimento, tivesse obtido o resultado positivo que realmente existe. Mas acaso publicar o resultado negativo inibe os outros de tentar o mesmo tipo de experimento? Acaso o aluno do segundo ano de pós-graduação que havia pensado em um experimento parecido vai fugir disso já que você, o pós-doutorando muito mais avançado, não conseguiu obter o resultado? Esse não é um resultado que queiramos. Trata-se do problema de lidar com resultados negativos – você pode nunca ter certeza de que eles são a coisa real e não o resultado da incompetência ou de alguma outra deficiência.

É verdade que, assim como os resultados positivos que depois se revelam negativos, esses resultados negativos podem, posteriormente, se revelar positivos – isto é, se outros decidirem fazer o experimento no qual você fracassou por acharem que podem fazê-lo dar certo. Mas é menos provável que isso aconteça do que alguém tomar a sua descoberta positiva e testá-la tentando estendê-la. Nesse caso, há o problema adicional de os resultados negativos também tenderem a durar muito por não serem testados – eles não são replicados como um resultado positivo seria. De fato, a gente nunca ouve ninguém reclamar da falta de replicação dos resultados negativos. Mas deveria. Eles não são mais confiáveis do que os resultados positivos e podem ser igualmente importantes.

Isto é mais complicado do que você pensava cinco parágrafos atrás, hem? Há uma solução para esse problema? Acho que pode haver, e temos sorte porque só recentemente ela ficou disponível. Essa solução é o Google. Ou quem é bastante inteligente e aventureiro para apontar o seu algoritmo de busca para esse problema. Agora pode ser que você pense que o Google e os outros sistemas de pesquisa se dedicam a fornecer informações tão verdadeiras quanto possível. Eles visam fornecer todas as informações disponíveis sobre determinado assunto. Mas não fazem isso realmente, porque não fornecem as informações negativas em um formato utilizável e confiável. E isso vai contra a máxima de Feynman. Eles não fornecem resultados negativos quase pelos mesmo motivos que os periódicos não os publicam – há muitos resultados negativos, e não são confiáveis. Uma ferramenta de busca melhor poderia ter descoberto o resultado positivo.

Mas o Google e outros serviços de pesquisa têm uma vantagem sobre as publicações periódicas. Não usam o papel. E não precisam de revisores. Eles terceirizam. Se o Google criasse um *site* dedicado a resultados negativos na ciência, creio que muitos cientistas nele publicariam os seus resultados negativos. Essa seria uma referência citável e, portanto, poderia ser considerada como uma publicação. O próprio *site* seria mais bem administrado por uma sociedade científica neutra, como a AAAS,* que poderia convocar painéis de cientistas e editores de periódicos para desenvolver padrões de curadoria e revisão. Estes seriam menos rigorosos e, portanto, menos demorados do que a revisão de um artigo de jornal. Para começar, as contribuições seriam insuficientes, presumivelmente um único dígito ou tabela de dados, e diriam respeito principalmente à metodologia. Os pós-graduandos e os pós-doutorandos poderiam, por exemplo, achar que revisar esse *site* seria um uso valioso e educativo do seu tempo.

Lembre-se, a confiabilidade proviria não só do processo de revisão como também do número de vezes que um resultado negativo semelhante fosse relatado – um número que estaria prontamente disponível em um ambiente como o do Google. Portanto, um resultado negativo do Tipo II se tornaria mais confiavelmente correto à medida que fosse relatado com mais frequência. Seria relatado com frequência porque as pessoas não sabem quem faz experimentos que têm resultado negativo – porque estes não são publicados. Isso

---

* American Association for the Advancement of Science (AAAS): associação americana para o avanço da ciência. [N. T.]

significa que é provável que ocorram mais de uma vez em diversos laboratórios e que seriam relatados independentemente nesse novo *site*. Depois de algum tempo, à medida que o banco de dados aumentasse, seria possível desenvolver ferramentas analíticas para quantificar o nível de confiança que se pode ter em determinado resultado negativo. Também poderia vir a ser um recurso para que os historiadores e sociólogos da ciência investigassem o impacto dos resultados negativos e rastreassem e compreendessem melhor o processo de descoberta científica.

Ah, a propósito, esse *site* seria facilmente autossustentável. Tenho certeza de que seria visitado com frequência por cientistas em atividade – dos que compram todos os tipos de suprimentos e equipamentos científicos caros. Posso imaginar, certamente no meu laboratório, que ninguém se aventuraria a fazer um experimento sem primeiro verificar no "NegaDados.org" para ter certeza de que já não tenha sido tentado.

Peter Norvig, diretor de pesquisa do Google, me disse que pensa no fracasso como um aspecto da memória corporativa. Quando um novo contratado surge com uma experiência ou ideia, um veterano diz: "Não, nós tentamos isso há cinco anos e não deu certo". Isso não está escrito em lugar nenhum; é só uma questão de memória corporativa. Isso pode ser positivo por poupar alguém de perder tempo e recursos em um projeto condenado. Mas também pode ser que as coisas tenham mudado o suficiente desde que se empreendeu o experimento, de modo que agora pode ser uma boa ideia revisitá-lo com novas técnicas e novas perspectivas. Como diz Norvig, a vantagem das empresas novas e pequenas pode ser a *falta* de uma memória corporativa que as impeça de repetir uma ideia que se transformou de ruim para boa. Mas eu diria que é melhor ter as duas coisas – as informações sobre os resultados negativos *e* o contexto em que ocorreram, de modo que o experimentador atual possa julgar se convém tentar novamente ou procurar obter o mesmo resultado com um método novo. Lembre-se, todo resultado negativo tinha uma ideia positiva por trás de si, e essa ideia, mesmo que não tenha dado certo então, ainda pode ser boa.

FRACASSO **127**

Há uma dinâmica semelhante nos laboratórios de pesquisa acadêmica, especialmente nos que existem há muito tempo. Escrevi em outro lugar que costumo aconselhar os meus alunos a procurar ideias novas em artigos da *Nature* e da *Science* – de quinze anos atrás. Tanta coisa aconteceu depois que eles foram publicados, tantas técnicas novas foram inventadas, que há perguntas que aqueles autores nem poderiam ter pensado em fazer então e que nós podemos fazer agora. Se isso for verdade para as coisas que foram publicadas, imagine quanto mais poderia haver entre as coisas que "fracassaram" na época – sobre as quais nós nunca ouvimos falar –, mas que teriam sucesso hoje.

Agora tenho de terminar este capítulo enfrentando um problema grave na comunidade científica e que recebeu muita publicação na imprensa, mas pouca compreensão. Trata-se da questão da replicação, brevemente abordada antes. Esse assunto poderia ter figurado em diversos lugares neste livro, e fui tentado a colocá-lo em alguns capítulos diferentes, *ipsis litteris*, só para ter certeza de que fosse lido, porque acho que é a fonte de muitos mal-entendidos. Por ora, está aqui.

Em um artigo que tem recebido muita atenção desde a sua publicação em 2012, dois cientistas pesquisadores da empresa farmacêutica Amgen se queixaram porque, em uma revisão de 53 estudos históricos de câncer publicados em revistas de alto nível, eles só conseguiram replicar o resultado de seis deles. Isso foi caracterizado como uma "deplorável" taxa de sucesso de meros 11%. Quero que você observe o uso pejorativo da palavra *deplorável*.

Isso é deplorável? Temos certeza de que o sucesso de 11% nos estudos de referência altamente inovadores não é uma grande prosperidade? Eu me pergunto se a Amgen, analisando cuidadosamente os dados dos seus cientistas, encontraria uma taxa de sucesso superior a 11% – ou inferior? E quanto a Amgen pagou por essas seis descobertas novinhas? Nada. Nem um centavo. E se a Amgen pegar esses estudos e transformá-los em medicamentos contra o câncer, pelas quais ela cobrará preços exorbitantes, que porção desse dinheiro seria devolvida aos pós-doutorandos e pós-graduandos que

128   STUART FIRESTEIN

fizeram o trabalho? Menos que 1%, se tanto. E quanto a Amgen gasta para ajudar a apoiar essa fonte de pesquisa acadêmica da qual ela extrai não só resultados como também futuros cientistas bem treinados? Não se sabe, mas pode apostar que não há de ser muito, do contrário ela estaria se gabando disso. (Aqui tenho de revelar uma coisa – que eu saiba, a Amgen é a única empresa farmacêutica que sustenta um maravilhoso programa de pesquisa de verão, o Amgen Scholars Program, possibilitando a graduandos talentosos trabalhar em tempo integral em laboratórios e frequentar uma conferência especial por ano. A minha filha já foi uma Amgen Scholar, e isso mudou a sua vida. Então, talvez seja um pouco ingrato da minha parte usar a Amgen como bode expiatório aqui, mas, afinal, tudo isso levanta a questão de por que não há mais desses programas apoiados por outras grandes empresas farmacêuticas.)

Essa dita deplorável taxa de sucesso gerou uma indústria caseira de crítica que é altamente carregada e sugere obscenamente que a ciência fracassou e que um *establishment* científico desenvolveu uma espécie de podridão no seu núcleo. Outro autor, o estatístico John Ionnaidis, adquiriu uma reputação singular por criticar a aparente baixa taxa de replicabilidade dos artigos científicos divulgados pelas principais publicações revisadas por pares.

O que isso realmente devia estar nos dizendo?

Devia nos dizer que a replicação faz parte do processo científico, não só uma verificação *post hoc* dele e que, portanto, ele incluirá o fracasso – possivelmente a uma taxa muito elevada. Essa publicação de um artigo em uma revista especializada, com avaliação por pares e tudo o mais, não é o fim da história, de modo que não se deve pensar que tenha uma taxa de sucesso de 100%. Chegar à publicação de um ensaio é um processo demorado e difícil que inclui erros, enganos, viradas equivocadas, resultados provisórios e dados feitos com as melhores técnicas disponíveis na época, mas mesmo assim imperfeitas. Os ensaios e os resultados neles contidos serão todos revisados em extensão maior ou menor, mas imprevisível. Se pedir perfeição muito cedo no processo, você retardará efetivamente o processo e inibirá o fluxo de ideias interessantes – que podem estar certas ou erradas – em toda a comunidade de pesquisadores. A replicação, por certo uma parte crucial do processo científico, é, entretanto, um processo lento. Ele é muitas vezes mal compreendido pelos não cientistas – incluindo, receio dizer, os estatísticos, que na verdade não fazem experimentos – como alguma repetição trivial, na qual você faz as coisas várias vezes para ter certeza de que não foi um acaso. Essa não é replicação verdadeira ou mesmo útil. E ninguém perderia tempo com isso. A replicação exata em si é impossível, em bases puramente lógicas. De fato, a ideia de replicação é que ela deve ser feita por laboratórios independentes – alguns casos, até mesmo usando técnicas diferentes. Mas, inclusive se o mesmo laboratório fizer repetições do trabalho, não produzirá replicação perfeita. Eles já viram os resultados da primeira rodada de experimentos. São tendenciosos. Não podem evitá-lo. São humanos. Sem mencionar que talvez eles tenham feito a primeira rodada de experimentos no inverno e agora estão fazendo as replicações no verão. Isso importa? Eu não tenho ideia. E ninguém tem. Caso você pense que eu simplesmente estou sendo extremista nessa declaração, ela importou em mais de um caso bem documentado.

Na verdade, não posso deixar de divagar aqui para oferecer uma explicação fascinante de tal caso. No início do século XX, houve um grande debate na neurociência sobre se a comunicação entre as células nervosas se dava por sinalização elétrica ou através de produtos químicos. As células nervosas se comunicam mediante lugares especializados na sua membrana chamados *sinapses* ("apertar" em grego). Essas sinapses aparecem como espaços muito pequenos entre as células nervosas e podem ser muito numerosas. Uma célula nervosa pode ter milhares desses pontos de conexão com milhares de outras células nervosas. Isso é que torna o cérebro tão complicado – muitíssimas conexões. A grande pergunta era como a atividade em uma célula nervosa afeta a atividade nas células com as quais ela está conectada? Os fisiologistas eram a favor da bioeletricidade, e é claro que os farmacologistas e os bioquímicos favoreciam a sinalização química.

Em 1921, Otto Loewi, um farmacologista alemão que trabalhava na Áustria, sonhou (literalmente, quando estava dormindo) com um

130   STUART FIRESTEIN

experimento que resolveria a questão. Ele acordou, rabiscou algumas anotações em um pedaço de papel ao lado da cama e voltou a dormir. De manhã, não conseguiu ler as suas anotações ilegíveis nem se lembrar do sonho. Durante as agoniantes três semanas seguintes, Loewi tentou se lembrar da ideia e eis que, uma noite, voltou a ter o mesmo sonho. Dessa vez, a história conta, foi diretamente ao laboratório às três horas da madrugada e montou o experimento.

Os pormenores do experimento não são tão importantes aqui (e você pode procurá-los facilmente na Wikipedia), mas ele envolvia o uso do coração de dois sapos, um com o seu suprimento nervoso ainda conectado e o outro apenas banhado em solução fisiológica. A entrada nervosa do coração regula a sua taxa de batimento, mas não é necessária para a manutenção de um batimento regular – o coração faz isso sozinho. Loewi mostrou que, se estimulasse os nervos ligados a um coração, isso desaceleraria o ritmo deste. Então, se ele pegasse a solução de banho daquela câmara e a acrescentasse ao coração desnervado, o seu batimento também desaceleraria. A conclusão foi que um produto químico havia sido liberado do nervo, e que era esse produto químico, e não a atividade elétrica direta do nervo estimulado, que afetava o coração. Graças a esse trabalho pioneiro, Loewi acabou recebendo o prêmio Nobel.

O único problema foi que, durante seis anos, nem ele nem ninguém conseguiu replicar os resultados de modo confiável! Por quê? Um motivo foi que Loewi fez os experimentos originais no inverno. Mas o sapo, sendo um animal chamado de sangue frio, altera a sua fisiologia cardíaca sazonalmente. Em todos os meses, menos nos mais frios, quando Loewi fez os experimentos originais, a sua entrada nervosa tende a aumentar ligeiramente a taxa de disparo em vez de diminuí-la. Além disso, a substância transmissora não é decomposta tão rapidamente no frio, de modo que mais dela estava disponível para o segundo coração nos experimentos originais de inverno. A estação, que você pode ter certeza de que não foi mencionada na seção Métodos, fez toda a diferença!

O sociólogo Harry Collins indica que, nos primeiros dias da construção de um novo tipo especial de *laser*, o *laser* TEA, descobriu-se que a única maneira de construir um *laser* TEA que funcionasse era ir a um laboratório que o tivesse construído com sucesso e replicar o processo com o seu pessoal. Por mais minuciosas que fossem as instruções, se você nunca o tivesse feito, não seria capaz de fazê-lo. Isso acontece todos os dias em todos os tipos de laboratório de ciência em procedimentos muito menos técnicos.

É uma noção comumente aceita que a seção Métodos de um ensaio, que descreve como os experimentos foram feitos, deve permitir a qualquer pessoa replicar o experimento unicamente a partir desse conjunto de diretrizes. Isso é completamente equivocado. Provém da mesma fonte falida de onde procede o absurdo do Método Científico. O objetivo da seção Métodos é assegurar a outros especialistas da área que os procedimentos usados eram métodos razoáveis e aceitos. E, se se tentou algo incomum, isso é justificado e explicado em detalhes. A seção Métodos permite aos cientistas profissionais no campo específico julgar se os experimentos foram feitos corretamente. Ela não é um manual para fazer os experimentos. Para isso, você tem de telefonar para o laboratório que fez os experimentos ou visitá-lo a fim de obter todos os pormenores, inclusive principalmente as coisas inconscientes. Assim, acontece com frequência de a instrução metodológica "permitir que a reação prossiga durante cerca de vinte ou trinta minutos", o que, na verdade, significa: "quando estou esperando que essa reação prossiga, geralmente vou tomar um café". Coisa que, ao que parece, leva de trinta a quarenta minutos, e esse tempo extra é realmente importante.

A replicação ocorre como parte do processo e do progresso da ciência. Os resultados são publicados e adotados por outros laboratórios para os seus propósitos. Se o uso desses resultados não resistir à análise, fica claro com o tempo que neles havia algo errado. Na maioria das vezes, constata-se que os resultados estavam certos, mas que surgem coisas que os pesquisadores originais não viram ou não lhes deram importância. Às vezes, essas coisas novas são mais importantes do que os resultados originais. Às vezes, não passam de um pequeno complemento. Às vezes, mostram que os resultados iniciais estavam errados, mas apontam para uma possibilidade que não havia sido considerada anteriormente e que, abordada por um ângulo ligeiramente diferente, ainda pode ser bastante relevante.

Todos esses cenários ocorrem diariamente nos laboratórios de pesquisa do mundo inteiro. E, em consequência, a ciência segue em frente, fracassando um pouco melhor a cada dia.

11
O FILÓSOFO DO FRACASSO

Os tolos lhe dão razões,
Os sábios não tentam fazê-lo jamais.

Some Enchanted Evening [Uma noite encantada],
Rodgers; Hammerstein, *Pacífico Sul*, 1949

Era uma vez, ou melhor, um dia em 1919, o filósofo Karl Popper se encontrou com o psiquiatra Alfred Adler em Viena. "Eu lhe relatei um caso que, para mim, não parecia particularmente adleriano, mas que ele não teve dificuldade para analisar nos termos da sua teoria dos sentimentos de inferioridade, embora nem tivesse visto a criança. Um pouco chocado, eu lhe perguntei como podia ter tanta certeza. 'Por causa da minha experiência mil vezes maior', respondeu ele; então não pude deixar de dizer: 'E com este novo caso, a sua experiência passou a ser mil e uma vezes maior'." Esse fato, quando Popper era apenas um rapazinho aparentemente precoce de dezessete anos, parece ter tido um efeito vitalício sobre ele e levou ao desenvolvimento da sua obra mais conhecida, ainda que muitas vezes mal interpretada, o princípio da falsificabilidade como único marcador confiável de uma hipótese científica legítima.

134 STUART FIRESTEIN

Pode-se dizer que Popper teve um efeito maior sobre os cientistas atuantes do que qualquer outro filósofo moderno da ciência. E, entre os cientistas, ele reina como o nome provavelmente mais conhecido na filosofia da ciência – com Thomas Kuhn quase a ultrapassá-lo, principalmente por causa do seu livro *A estrutura das revoluções científicas*, que adquiriu popularidade entre públicos não profissionais e tornou a expressão "mudança de paradigma" uma parte da linguagem coloquial. Mas a maioria dos cientistas não atribuiria ao livro e às ideias de Kuhn a qualidade de modificar o modo como eles faziam e pensavam os experimentos, ao passo que muitos diriam que esse é o caso de Popper.

No reino do curiosamente contrário, muitos filósofos da ciência, talvez a maioria, atualmente consideram a obra de Popper como gravemente falha e de menor valor (Kuhn, por sinal, continua gozando de alta consideração geral). Então os cientistas veem isso de um modo; e os filósofos, de outro. Não surpreende. Sem descartar Popper completamente, estou inclinado a ir com os filósofos nisso, uma vez que eles são os profissionais. Todavia, independentemente do que você hoje pensa de Popper, o projeto dele foi importante e ele teve sucesso ao formular uma pergunta que continua sendo atual e preocupante.

A motivação original do Popper era responder a uma pergunta simples, mas obstinada: como dizer com segurança qual é a diferença entre ciência real e pseudociência? Como saber em quais histórias científicas confiar e quais ideias aparentemente científicas são absurdas? Como evitar ser enganado por impostores, mágicos, vigaristas, charlatães e, pior que tudo, praticantes bem-intencionados e dedicados de pseudociência marginal? Se, à primeira vista, isso parece trivial, devo indicar que essa pergunta ainda não foi respondida satisfatoriamente, mesmo nas nossas culturas ocidentais tecnologicamente avançadas, muito menos nas culturas que permanecem dominadas pela chamada sabedoria popular e pelas várias "explicações" mágicas de como as coisas funcionam. Com base na história recente – desde o fiasco das notícias sobre a ligação das vacinas com o autismo até as teorias da conspiração sobre as causas da aids, parece que as pessoas inteligentes não podem dizer com segurança qual é a diferença entre as explicações cientificamente válidas e as tolices pseudocientíficas. Parte do problema, como percebeu Popper, é que a ciência legítima às vezes erra e a pseudociência ocasionalmente tropeça em algo verdadeiro.

Todo ano, milhões de pessoas são infectadas pela gripe, uma doença que ainda pode matar milhares em todo o mundo. O nome *influenza* vem do italiano e significa "influência" porque se acreditava que a doença se devia a influências celestes invisíveis, segundo as previsões dos astrólogos. Ao mesmo tempo, somos informados de que as marés oceânicas são causadas pelas influências celestes invisíveis descritas pelas teorias newtonianas da gravidade. Essas teorias, claro está, são verdadeiras e científicas, ao passo que a gripe, na realidade, é causada por... organismos microbianos invisíveis. Atualmente sabemos disso, mas você pode imaginar a dificuldade do século XVII para decidir que uma influência lunar invisível é um motivo falso, e que outra influência lunar igualmente imperceptível é a coisa real.

Nos nossos dias, temos a cientologia, uma tola palavra inventada para parecer mais científica. Temos o *design* inteligente. Ainda temos astrologia. Acha que esses não passam de alvos fáceis? Que tal os alimentos transgênicos? A energia nuclear? Os produtos orgânicos? Os tratamentos médicos alternativos que geralmente evitam as práticas médicas padrão que salvam vidas? (Isto me leva a pensar no brilhante Steve Jobs evitando o tratamento cirúrgico do seu câncer de pâncreas em estágio inicial e ainda curável, optando por várias dietas e outros tratamentos alternativos até que a doença chegasse ao estágio fatal.) As pessoas cultas e inteligentes têm opiniões e crenças fortes nesses conceitos ou práticas completamente acientíficos. Elas costumam ser a base de decisões políticas críticas que afetam muitos milhões de seres humanos e têm sérias consequências econômicas. Não têm base científica, mas se apresentam como ciência.

De volta à Viena do início do século XX, onde muitas ideias rebeldes e revolucionárias estavam sendo discutidas e debatidas avidamente nas famosas cafeterias da cidade. Duas ideias

136 STUART FIRESTEIN

interessavam muito a Popper: a relatividade de Einstein e a psicanálise de Freud. A teoria de Einstein, na qual a massa e a energia já não eram distinguíveis e o tempo era maleável, parecia tão maluca quanto a descrição de Freud da mente humana como um inimaginável órgão fervente de ciúmes, neuroses e histerias infantis prontos para romper o ego escassamente controlador a qualquer momento. Mas eis que *sir* Arthur Eddington informou a respeito das suas observações da passagem da luz das estrelas perto do Sol durante o eclipse solar de maio de 1919, confirmando uma das previsões mais radicais de Einstein – que a gravidade curvava o espaço e alteraria o caminho dos fótons. Ao mesmo tempo, Popper se deu conta de que Freud encontrava confirmação das suas teorias, não importava qual fosse a observação. Como no episódio de Adler, parecia não haver nada que pudesse refutar a estrutura psicanalítica criada por Freud. Cada nova ocorrência, mesmo que aparentemente contrária ao dogma geralmente aceito, não só era torcida para nele caber como depois servia como uma confirmação adicional da teoria. Nunca havia quaisquer refutações e, de fato, nenhuma possibilidade de que houvesse. Popper concluiu que isso não podia ser a base do pensamento científico, não porque não fosse possível prová-la, mas porque era *impossível* refutá-la.

A solução de Popper foi um *insight* tremendo. Ele reconheceu que essa dificuldade de mostrar que uma disciplina era verdadeiramente científica decorria do fato de que, em qualquer sistema de crença, você sempre poderia provar as coisas certas, sempre encontrar uma elucidação que explicasse a mais anômala das descobertas. A ciência não podia alegar ser ciência porque ela estava certa. Isso a igualaria a qualquer outro sistema de crenças. O que tornava uma coisa uma declaração científica era o fato de ser possível provar que ela estava errada. A ciência, segundo Popper, fazia previsões arriscadas que podiam ser testadas empiricamente e que, se contradissessem a teoria, exigiriam que a teoria fosse abandonada. Assim, a hipótese legítima era uma que a experimentação científica empírica podia mostrar que estava incorreta. A ciência dependia do fracasso, ou pelo menos da sua possibilidade.

Isso não significa que uma hipótese tenha de estar errada, mas deve ter a possibilidade de que se mostre que está errada. Qualquer hipótese científica está então apenas provisoriamente correta, porque a qualquer momento um experimento pode ser realizado e os resultados podem mostrar que ela está errada. É claro que quanto mais tais experimentos forem realizados e confirmarem a hipótese, mais provável é que ela esteja correta – porém, mesmo assim, um resultado negativo poderia, teoricamente, derrubar a coisa toda.

Isso é mais comumente apresentado como o famoso caso do cisne preto. Durante muito tempo, todos os cisnes vistos (na Europa, é claro) eram brancos. Consequentemente, pôde-se formar a hipótese de que todos os cisnes são brancos. Então descobriram-se cisnes pretos na Austrália. Portanto, a hipótese "todos os cisnes são brancos" é derrubada. A questão é que a hipótese permitia um teste negativo – a observação de um cisne preto, ou de qualquer outra cor que não a branca, derrubaria a hipótese. Essa característica torna a hipótese uma declaração científica. Uma declaração não científica poderia ser que todos os cisnes vêm do céu. Isso não se pode provar nem demonstrar que é falsa porque sempre se pode dizer que a fonte definitiva do cisne, ainda que inobservável, não importa quantas vezes a gente os veja sair do ovo, é o céu. Porque não há como demonstrar que essa teoria é falsa – o céu, por definição, pode fazer tudo quanto lhe der na telha –, esta não é uma declaração científica.

A elegante declaração de Popper sobre as hipóteses científicas baseia-se na falibilidade. A ciência é confiável precisamente porque pode falhar. Só se pode confiar em uma hipótese se for possível demonstrar a sua falsidade. Na medida em que os cientistas realmente usam hipóteses (*vide* Capítulo 8, "O Método Científico do fracasso"), esse é um bom conselho. Formular uma hipótese é a arte de sugerir experimentos que poderiam falhar facilmente e que, então, negariam a hipótese. Se não for possível demonstrar claramente que uma hipótese é falsa, então ela não é uma hipótese aceitável.

Qual é o problema, então?

Primeiro, isso nem sempre fornece um resultado claro. Conforme a prescrição popperiana, a detecção de aberrações na órbita

138   STUART FIRESTEIN

de Netuno devia ter provido um motivo para jogar fora a mecânica celeste de Newton; em vez disso, levou à previsão e descoberta do então invisível planeta Urano, reafirmando as leis de Newton no processo. Por outro lado, o caso das saídas de Mercúrio da órbita prevista também provaria a falsidade das ideias newtonianas de gravidade – e, nesse caso, provou-a. As aberrações mercuriais só poderiam ser explicadas pelo modelo relativístico de gravidade. Portanto, a falsificabilidade popperiana não é perfeita – fracassa de vez em quando em identificar corretamente um fracasso útil. No fim, você ainda é obrigado a julgar a importância do fracasso em comparação com a teoria. E alguns esforços científicos simplesmente não permitem a experimentação do tipo que Popper exigiria. A evolução é um exemplo de ciência em que aqueles tipos de experimentos são difíceis de construir.

Outra dificuldade é que a maioria das teorias não está sozinha, e sim embutida em um tecido de ideias e outras teorias às quais ela se refere ou das quais depende. Quando um experimento provê um resultado contrário, muitas vezes é difícil determinar onde o problema realmente se encontra – e você não quer necessariamente jogar tudo no lixo por causa de uma pequena falha em uma parte. Também se apresentaram argumentos mais sofisticados atacando a própria lógica da proposição – e eles foram respondidos. Por exemplo, Kuhn afirma que todas as teorias são virtualmente refutáveis em uma parte qualquer em algum momento. Concordo com isso – a ciência é uma série de descobertas provisórias que, iterativamente, nos aproxima cada vez mais de uma verdade que talvez nunca seja totalmente alcançada. Mas as iterações provisórias são valiosas, mesmo que sejam basicamente erradas. Não devem ser descartadas, que é o que uma estrita adesão à regra popperiana gostaria que fizéssemos.

Em uma reviravolta um pouco irônica, enquanto Popper eleva a importância do fracasso e da falsificabilidade, tomada literalmente, a sua prova de fogo excluiria o fracasso do processo de avanço científico.

Popper estava coberto de razão quando disse que a marca registrada da verdadeira ciência é o fracasso. Isso pode não chegar ao nível de prova; na verdade, é possível que não haja nenhuma prova de que uma atividade satisfaz as credenciais de ciência real. Duvido que essa venha a ser uma ideia tão fácil – ou tão estável. O que podemos dizer é que o fracasso é uma parte indelével e contínua de qualquer atividade científica, e, se ele faltar, a probabilidade de que tal atividade venha a ser considerada ciência fica extremamente reduzida. Convém duvidar mais do sucesso extravagante que do fracasso regular. Popper tinha a ideia certa, mas ela falha, talvez para o seu mérito, em cumprir o objetivo final que ele tinha em mente para ela.

12
O FINANCIAMENTO DO FRACASSO

A longo prazo, o fracasso era a única coisa que funcionava de modo previsível.

Joseph Heller

Em grande parte, a ciência e a tecnologia travaram – e venceram – a Segunda Guerra Mundial. Da aviação à engenharia espacial, ao sonar, à criptografia e, claro está, à bomba atômica, a ciência dominou o curso dessa guerra mais do que em qualquer conflito anterior. No fim da guerra, os Estados Unidos possuíam a infraestrutura científica mais desenvolvida que o planeta já tinha visto. O que faríamos com isso? Que papel essa ciência avançada de tempo de guerra teria em tempo de paz? O presidente Franklin Roosevelt, que durante a guerra havia nomeado Vannevar Bush (sem relação com a atual dinastia política) para ser extraoficialmente o primeiro assessor científico presidencial, agora o encarregou do desafio de fazer a transição da pesquisa científica da defesa às iniciativas do tempo de paz.

A diretriz era ampla no seu escopo, dando a Bush margem para considerar tudo, da medicina à segurança e à educação. O resultado foi o agora famoso relatório *Ciência, a fronteira sem fim*. Com

142 STUART FIRESTEIN

esse roteiro abrangente, Bush organizou efetivamente a estrutura para fazer a pesquisa científica em grande parte responsabilidade do governo, mesmo quando não tivesse relação com a defesa. O valor da ciência para a sociedade – as curas, os empregos, o desenvolvimento econômico, a educação e o bem-estar geral que isso poderia proporcionar a uma vida moderna – devia ser principalmente responsabilidade do governo. Só o governo poderia comandar um esforço comparável com o dedicado à causa da vitória em tempo de guerra que permitisse à ciência florescer a serviço de um bem público mais amplo.

Embora órgãos como os modernos Institutos Nacionais de Saúde (NIH, na sigla em inglês) existissem e fossem financiados pelo Congresso, tratava-se mais de um Serviço de Saúde Pública (o seu verdadeiro nome original) que de uma organização séria de pesquisa. Do mesmo modo, a moderna Fundação Nacional de Ciência foi criada em 1950, juntamente com vários outros departamentos então subsidiários que também distribuíam recursos federais para as pesquisas científicas. Mas foi graças ao esforço de Bush que essas instituições se expandiram até alcançar o seu *status* atual de principais apoiadores de todos os tipos de pesquisa nos Estados Unidos. A sua visão tornara-se o modelo mundial de busca da ciência. Embora Bush quisesse um plano que proporcionasse ainda mais independência à ciência em relação à política e um programa mais integrado para as ciências físicas e da saúde, as suas políticas mudaram significativamente a atitude do pós-guerra em relação à ciência como uma responsabilidade e propriedade sociais. Tal como com o esforço de guerra, agora haveria um esforço equivalente para usar a ciência em prol do progresso da humanidade. E seria necessário o Estado para administrar um esforço tão grande.

Ao fazê-lo, reconhecemos tacitamente que financiar a ciência coletivamente, com o dinheiro dos impostos, é um investimento que vale a pena porque a sociedade como um todo, bem como muitos dos seus membros individualmente, colhe os benefícios. Alguém poderia argumentar que o padrão de vida nas sociedades científicas é muito melhor do que nas sociedades em que a ciência não é ou

FRACASSO **143**

não era uma parte importante da organização social. Um segundo motivo pelo qual a maior parte da ciência é financiada pelo Estado é o fato de ela ter se tornado demasiado cara e só se podia pagá-la distribuindo o custo pela sociedade. Tornou-se cara de dois modos diferentes. O equipamento e os custos relacionados para a realização de muitos tipos de experimentos tornaram-se mais caros e, o que é mais importante, o número de cientistas aumentou drasticamente. Agora temos mais pessoas fazendo ciência do que nunca. Com efeito, estima-se que há mais cientistas atuantes vivos do que o número total de cientistas que existiram desde Galileu (por volta de 1600). Consequentemente, os fundos destinados à ciência aumentaram ao longo dos anos, embora, como parcela do orçamento federal e percentual do PIB, os aumentos tenham se estabilizado e até caído nos últimos anos.

Você pode perguntar por que a indústria não paga parte da conta disso, pois certamente pode pagar. É claro que algumas indústrias têm seus próprios programas de pesquisa e desenvolvimento, mas nenhuma apoia o tipo de pesquisa necessária à manutenção da saúde geral do empreendimento. Esse trabalho seria muito arriscado e aventureiro para os capitães da indústria se comprometerem. Melhor deixar isso para os acadêmicos e, em seguida, usar essas pesquisas patrocinadas pelo Estado, quase totalmente gratuitas, diga-se de passagem, para desenvolver novos medicamentos e dispositivos lucrativos. Talvez isso soe como um remédio amargo, mas tenho de admitir que esse modelo funcionou, e funcionou bem, para quase todos durante um bom tempo.

Apesar de todo o bem geral criado quando a ciência é predominantemente financiada pelo Estado, haverá efeitos perniciosos, e é importante tê-los em mente. Por um lado, a ciência agora vem se tornando uma questão de política, dirigida pelo que o Estado, na forma de comitês de revisão ou de conselhos consultivos ou de mandatos no Congresso, quer saber, coisa que pode não ser o que a natureza está oferecendo. Há agendas e iniciativas, desafios a serem vencidos, doenças a serem superadas, e assim por diante. Claro está, o gasto de todo esse dinheiro deve ser tão bem planejado quanto possível, mas não deve ser mais planejado do que o absolutamente necessário. Superestimar o quão bem podemos mapear a ciência é uma arrogância fatal que parece atingir até mesmo as pessoas bem-intencionadas, inclusive os cientistas atuantes quando colocados em um cargo consultivo ou administrativo. Encontrar esse ponto de ajuste entre a gestão responsável e o controle contraproducente não é trivial. Isso está, de muitas maneiras, ainda mais do que os dólares reais, no centro das atuais crises no financiamento da ciência.

Seja porque o dinheiro em geral e, especificamente, o dinheiro para a pesquisa, está mais limitado agora, seja porque os cidadãos que a pagam tornaram-se divididos no seu apoio à ciência, seja por outros motivos que podem e vão intrigar os sociólogos, o fato é que o cenário do financiamento da ciência mudou. E, em geral, não mudou para melhor. Com toda a disputa por dólares e programas, pode parecer impossível identificar uma única causa do mal-estar financeiro que atualmente aflige a ciência, mas eu sugeriria que, subjacente a tudo, há uma grande mudança que teve o efeito mais prejudicial sobre a prática e a cultura da ciência: já não financiamos o fracasso tão bem quanto costumávamos.

No século XIX, os homens de posses eram os únicos que podiam se dar ao luxo de ser cientistas. A palavra cientista foi inventada para designá-los (cunhada pelo polímata de Cambridge William Whewell em 1833). A maior parte do progresso científico daquela época resultou da riqueza pessoal que permitia tempo para explorar e experimentar – e fracassar. Afinal, era o seu dinheiro, de modo que, se você quisesse esbanjá-lo em uma grande teoria ou em outra ou em uma busca da compreensão de fenômenos misteriosos, o direito era todo seu. Mas isso significava que um proprietário de terras como Charles Darwin podia se dar ao luxo de financiar a sua viagem de exploração de cinco anos a bordo do Beagle e as despesas associadas à coleta, ao transporte e à manutenção de uma vasta coleção de espécimes – e depois levar mais de vinte anos pensando nos seus dados e desenvolvendo a sua teoria.

Do mesmo modo, Gregor Mendel é notoriamente caracterizado como um monge obscuro, em uma abadia isolada na pequena cidade de Brno (então austríaca, atualmente tcheca), que tinha um polegar verde e fazia experimentos com ervilhas enquanto descobria o gene. Na verdade, Mendel contava com a proteção e o generoso apoio do abade às suas experiências, que dificilmente equivalia a mexer no jardim. Estima-se que Mendel tenha plantado pelo menos 29 mil pés de ervilha, resultado de muitas dezenas de cruzamentos complexos enquanto separava sete linhagens genéticas diferentes ao longo de várias gerações. O seu empreendimento era importantíssimo e foi amplamente divulgado na literatura científica da época, embora mais tarde por algum motivo tenha sido esquecido (a propósito, esta não é uma história incomum na ciência). A questão é que o abade solidário e a posição de Mendel na abadia deram-lhe tempo para se dedicar a esses minuciosos experimentos – durante mais de sete anos.

Nós subestimamos a importância da paciência na ciência. A paciência vem junto com a opção de fracassar, de ter a oportunidade de seguir ideias promissoras que podem acabar se revelando erradas ou não completamente certas. Esse tipo de apoio financeiro vem desaparecendo em um ritmo alarmante nas últimas décadas.

Os níveis de financiamento da atividade científica tornaram-se tão constritos e tão competitivos que os pesquisadores aprenderam a propor somente projetos que eles têm certeza de que funcionarão no seu pedido de concessão. Não é incomum a metade dos experimentos ser feita antes mesmo que o pedido seja apresentado – só para que os pesquisadores mais tarde possam reivindicar o sucesso a fim de ter certeza de financiamento futuro. É preciso que haja "dados preliminares" suficientes para garantir o sucesso dos experimentos propostos. Sydney Brenner, prêmio Nobel e biólogo independente, explica, meio de brincadeira, que a concessão do padrão dos NIH tem duas partes: a primeira propõe os experimentos que você já fez, e a segunda propõe os experimentos que você nunca fará.

O fracasso está sendo expulso da ciência pela falta de financiamento e pelo consequente aumento da competitividade. Isso foi bom para a ciência? Temos de olhar com cuidado – a resposta pode não ser tão clara como foi no caso da educação. Pode-se dizer que convém reduzir o desperdício e gastar o nosso limitado dinheiro e outros

146 STUART FIRESTEIN

recursos com mais atenção para obter o maior retorno do investimento. Por outro lado, dificilmente é uma maneira eficiente de gastar recursos se o que você está recebendo é simplesmente avanço incremental em áreas de certeza virtual com chances cada vez menores de fazer grandes progressos inesperados.

Os NIH têm um sistema obscuro para identificar tipos diferentes de subvenções. Uma das categorias é chamada de proposta de "Alto Risco/Alto Impacto". Na Fundação Nacional da Ciência (NSF, na sigla em inglês), isso costuma ser chamado de "pesquisa transformadora", presumivelmente depois do famoso ditado de Thomas Kuhn sobre a pesquisa que muda paradigmas. A ideia é a mesma: a pesquisa proposta é arriscada, incerta e tem uma elevada probabilidade de fracasso – mas, se ela der certo, as recompensas serão ótimas e possivelmente "transformadoras do jogo". Em 2013, um total de 78 de tais subvenções foram concedidas a partir de cinco mil subsídios. Isso é cerca de 1,5%. O que me pergunto é: por que precisamos de tal categoria? O que ela torna todo o resto da pesquisa que estamos financiando – previsível, banal, com probabilidade de sucesso, mas de importância e impacto mínimos? É para aí que queremos que a maior parte (98,5%) do dinheiro vá? Não inventamos essa categoria de alto risco em resposta ao nosso medo do fracasso? É um reconhecimento tácito de que não podemos somente ter garantido a pesquisa, mas pelo menos vamos restringir os fracassos a uma arena menor e identificada. Mas na ciência não há um lugar menor, identificável e separado no qual o fracasso possa ser contido. O fracasso está ou deveria estar incrustado em tudo isso. O medo do fracasso é uma fraqueza institucional, mas se espalhará rapidamente para os laboratórios individuais por causa de políticas equivocadas. Especialmente perigosas são aquelas que soam bem, como *Alto Risco/Alto Impacto*.

A ciência, no mínimo, é um grande mercado de ideias. Como qualquer mercado, ela só pode ser regulada delicadamente sem interferir na sua maior força – a possibilidade de resultados inesperados de fontes inesperadas a interagirem e a se interseccionarem livremente entre si. Essa descrição já desordenada, nem começou a pegar a verdadeira desordem do processo. E não captura a alta taxa de fracasso que se espera de um processo confuso (*vide* entropia, Capítulo 3).

Infelizmente, não há um modo real de avaliar os fracassos e, portanto, não há como definir ou manipular efetivamente a taxa de fracassos. Creio que isso se deve, em grande parte, ao elemento inevitável e implacável do tempo. O que parece um fracasso hoje pode estar destinado a ser um sucesso em uma ocasião posterior, quando novos dados se tornarem disponíveis e, inesperadamente, aparecer um valor anteriormente oculto. Há montes dessas estórias na história da ciência. O *laser* foi considerado um dispositivo impossível pela maioria das grandes mentes da física na década de 1950. Charles Townes, então um físico de trinta anos na Universidade Columbia e nos Laboratórios Bell, foi aconselhado em mais de uma ocasião a abandonar as suas investigações sobre a luz coerente e a ser sério e parar de perder tempo e dinheiro em um esforço tão quixotesco. Nenhuma empresa teria investido um dólar naquela pesquisa arriscada e fadada ao fracasso na década de 1950; mas que indústria poderia operar sem o *laser* hoje? Em 1964, Townes compartilhou um prêmio Nobel pelo seu trabalho. Mas isso levou dez anos, e o desenvolvimento científico e comercial do *laser* tardou muito mais – na verdade, provavelmente ainda não tenha se completado. Então como esse trabalho podia ter sido considerado um sucesso ou um fracasso logo nos primeiros tempos?

Como qualquer mercado, a ciência é facilmente solapada pelo planejamento central excessivamente zeloso. As desastrosas consequências do apoio sancionado pelo Estado soviético a Trofim Lysenko, que defendia uma espécie de genética lamarckista, provavelmente sejam o melhor exemplo moderno. O principal atrativo da genética de Lamarck era que os ganhos obtidos por uma geração poderiam ser transmitidos aos descendentes. O trabalho árduo e o autoaperfeiçoamento seriam repassados para os seus filhos – um princípio biológico marxista quase perfeito. Lamentavelmente, não é correto, e a busca dessa falsa genética sem a concorrência de outras ideias levou décadas de quebras de safra (ao mesmo tempo que a aplicação da genética mendeliana à agricultura estava produzindo safras recordes nos Estados Unidos e na Europa ocidental). Há muitos motivos para o colapso da União Soviética, mas será ir longe demais sugerir que a fome da população em virtude do uso de métodos genéticos cientificamente inválidos, e sim sancionados pelo Estado, foi uma das causas? Nem todos os casos de ciência dirigida pelo Estado chegarão tão fora dos trilhos, mas certamente todos eles hão de ter alguma motivação política atrás de si. No momento em que escrevo, um projeto de lei de financiamento da pesquisa científica nos Estados Unidos inclui cortes específicos e drásticos na pesquisa de ciências sociais – porque os seus resultados raramente são favoráveis aos pontos de vista econômicos daquele partido político em particular.

A propósito, há uma interessante atualização dessa história que mostra o valor do fracasso. A genética lamarckista pode ser uma teoria da herança essencialmente errada e amplamente fracassada, sobretudo em comparação com a genética mendeliana e a evolução darwinista. Mas atualmente está fazendo uma espécie de retorno no campo da epigenética, em que certos traços comportamentais ou fatores ambientais são capazes de alterar o genoma adulto e de ser transmitido para os descendentes. Mas é só no contexto de uma troca livre de ideias que a genética lamarckista é capaz de reaparecer e encontrar o seu lugar adequado na nossa compreensão mais ampla da genética. Na sua forma isolada, é somente um erro – o que é menos, muito menos, que um fracasso.

Uma alternativa frequentemente proposta é que simplesmente abracemos o acaso, que é como parece que a imprensa popular pensa que as descobertas mais científicas surgem. Em vez de aqui sair em uma longa tangente sobre por que acho isso errado (*vide* o Capítulo 3), entendamos, para facilitar a discussão, o que significa simplesmente "uma descoberta inesperada". O acaso tornou-se uma pedra angular no argumento pelo financiamento da chamada pesquisa básica ou fundamental – isto é, a pesquisa cujo objetivo é aumentar o conhecimento sem ter uma aplicação específica em mente. O raciocínio é que, como não somos inteligentes a ponto de prever de onde virá o próximo avanço, a única estratégia sensata é simplesmente financiar a pesquisa mais interessante em questões fundamentais e colher com gratidão os benefícios dos que trabalham.

Mas esse argumento nunca parece funcionar. Todo mundo gosta da ideia de serendipidade na ciência – desde que não se trate de financiá-la. Então, qualquer coisa que diga "Nós vamos experimentar essa ideia interessante, mas nova, e esperamos ter sorte" certamente estará a caminho da pilha de rejeição. De fato, uma das piores críticas que você pode receber de um painel de avaliação é que a sua proposta não passa de uma pesquisa "movida pela curiosidade". Sei que parece ridículo, mas os NIH e a NSF exigem que toda pesquisa seja "dirigida por hipóteses" e que seja proposta na forma de várias hipóteses a serem testadas. Dane-se essa história de curiosidade: isso é para crianças e tipos criativos. Difícil de imaginar um ramo do governo dedicado à ciência e cheio de pessoas supostamente inteligentes inventando um preceito como esse – e, pior, nos últimos cinquenta anos, cumprindo-o.

O problema de haver pouquíssima aventura na ciência – isto é, não de não haver espaço suficiente para ideias incomuns, mantendo-se no reto e estreito, se você quiser – foi realçado recentemente por um grupo de proeminentes cientistas ingleses. Em carta aberta ao jornal *The Guardian* (Reino Unido) de 18 de março de 2014, intitulada "Precisamos de mais rebeldes científicos", trinta dos principais cientistas da Grã-Bretanha afirmaram que os grandes avanços científicos do século XX e dos anteriores se deram porque havia apoio para pessoas que pensavam de modo diferente e não eram obrigadas a provar o valor imediato ou o uso da sua pesquisa. Eles prosseguiram para observar que essa pesquisa irrestrita resultou em avanços tais como o transistor, o *laser*, a eletrônica e as telecomunicações, a energia nuclear, a biotecnologia e os diagnósticos médicos – uma lista breve e parcial. Uma carta semelhante, que incluiu a assinatura de alguns prêmios Nobel, foi publicada no *Daily Telegraph* sob o título "Ganhadores do Nobel dizem que a descoberta científica é praticamente impossível devido à burocracia do financiamento". Donald Braben, um geocientista do

150 STUART FIRESTEIN

University College London, recentemente publicou um livro descrevendo quinhentas descobertas importantes derivadas de pesquisa rebelde motivada pela curiosidade.

Enquanto trabalhava neste capítulo, recebi uma bolsa de pesquisa financiada pelos NIH. Ela foi submetida ao processo de avaliação comum nas solicitações aos NIH e recebeu uma pontuação alta o suficiente para se classificar no oitavo percentil de pedidos analisados no mesmo período. Pelos padrões atuais, isso é bom o bastante para fazer a "linha de pagamento" (expressão que lembra desconfortavelmente como o limite para pagar uma aposta em resultados esportivos ou em qualquer outro jogo de azar) e, portanto, o meu laboratório receberá financiamento para apoiar a nossa pesquisa nos próximos cinco anos. Eu deveria estar muito feliz. Por certo, estou mais feliz do que os candidatos cuja pontuação ficou abaixo da linha de pagamento e que não receberão financiamento. Mas escrevi várias propostas a fim de conseguir financiamento para aquela, transformando o processo em um tipo de loteria – quanto mais você joga, melhores são as suas chances (o que realmente não é verdade; é somente a única opção).

Essa importantíssima linha de pagamento varia entre os vários institutos – os Institutos Nacionais de Saúde (no plural) representam uma administração abrangente de 27 institutos separados dedicados a várias preocupações biomédicas. Há o Instituto dos Olhos, o Instituto do Câncer, o Instituto das Doenças Infecciosas e assim por diante – você pode consultar todos eles facilmente. Cada instituto tem orçamento próprio, define as suas prioridades e financia solicitações de bolsa em diferentes níveis percentuais. Dessa vez, eu tenho sorte porque o meu instituto está financiando no nível relativamente elevado de cerca do 17º percentil. Alguns institutos financiam abaixo do décimo percentil e, certa vez, solicitei uma bolsa a um instituto que financiava no segundo percentil. Não é preciso dizer que isso não deu em nada.

É realmente possível que somente entre 2% e 20% das subvenções solicitadas valham o financiamento? Lembre-se que, para solicitar uma bolsa, você tem de ter pelo menos um PhD ou MD (doutorado em medicina) estar empregado em uma universidade ou instituto de pesquisa reconhecido. Portanto, os cerca de 25 mil pedidos de subsídios enviados anualmente aos NIH (e os noventa mil à NSF) não seguem uma distribuição normal; eles já são um conjunto altamente selecionado. Imagine a ciência realmente boa sendo desperdiçada, morrendo no fundo da gaveta de alguém como uma proposta sem financiamento, uma ideia inteligente ou um novo conceito que jamais chegará a ser experimentado. Acaso este é um uso sensato de um recurso insuperável de cientistas bem treinados e sofisticados que nunca esteve disponível em nenhum lugar do mundo ou em nenhuma época do passado?

Nas ciências biológicas, o exemplo mais bem-sucedido e talvez mais instrutivo de financiamento do fracasso está na área do câncer. Em 1971, o então presidente Richard Nixon declarou a Guerra ao Câncer, porque as guerras parecem ser a metáfora dos americanos se esforçando para conseguir alguma coisa. Seja como for, 125 bilhões de dólares entraram na pesquisa do câncer desde então, e o financiamento recentemente estabilizou essa despesa em aproximadamente cinco bilhões de dólares anuais para os últimos quatro a cinco anos. O resultado: no mesmo período de 42 anos, cerca de 16 milhões de pessoas morreram de câncer, que atualmente é a principal *causa mortis* nos Estados Unidos. Isso parece ruim, mas, na verdade, curamos ou desenvolvemos tratamentos de muitos cânceres outrora fatais e prevenimos um número incalculável de casos simplesmente instaurando a importância dos fatores ambientais (amianto, fumo, sol etc.).

Mas, e os benefícios auxiliares que não constaram na previsão original – vacinas, métodos melhorados de fornecimento de medicamentos, a compreensão sofisticada do desenvolvimento celular e do envelhecimento, novos métodos na genética experimental, descobertas que nos dizem como os genes são regulados, todos os genes; não somente os genes cancerígenos – e uma série de outros mimos que nunca são contados como resultantes da "guerra" ao câncer? Aprendemos coisas inesperadas acerca da biologia em todos os níveis de organização – de reações bioquímicas dentro das células a sistemas reguladores em animais e pessoas inteiros, e os antes mencionados efeitos ambientais sobre a saúde. Alguém está registrando tudo isso? Atrevo-me a dizer que, apesar de tudo, essa guerra contra o câncer nos deu mais retorno aos dólares gastos do que qualquer guerra militar, decerto maior que o de qualquer guerra recente. *Nota bene*: a maior parte dessa pesquisa concentrada em encontrar uma cura do câncer foi marcada pelo fracasso. Centenas, provavelmente milhares de pesquisadores se aventuraram por um caminho ou outro, muitas vezes encontraram coisas interessantíssimas, mas não conseguiram curar o câncer. E, apesar de todo esse "fracasso", tal processo funcionou tão bem durante tantos anos porque o Instituto do Câncer, assim como a maior parte dos NIH, facultava, tradicionalmente, subsídios ao percentil 25º ao 30º. Mas, em 2011, o financiamento havia caído para o 14º percentil e, em 2013, estava no sétimo percentil – somente 7% das subvenções solicitadas foram financiadas para prosseguir a investigação da principal *causa mortis* nos Estados Unidos. É isso que nós queremos? Não há algo muito obviamente errado nesse quadro?

Talvez a melhor pergunta seja: há uma solução? Acho que há várias correções possíveis, mas todas exigirão um pouco de coragem.

A sugestão mais fácil de fazer é que os níveis de financiamento da ciência, de todos os tipos, devem ser aumentados. Naturalmente, isso é fácil de dizer – é fácil criticar falando simplesmente em "jogar dinheiro no problema". Mas acontece que o dinheiro é jogado com frequência nos problemas, e isso costuma funcionar – pelo menos bastante bem. A nossa principal estratégia de defesa consiste em jogar dinheiro nos militares para todos os tipos de projetos, muitos de valor duvidoso. Em um dos casos mais irônicos de arremesso de dinheiro, em 2008, o Estado jogou muito dinheiro em instituições monetárias, como bancos e casas de investimento, para salvá-los de um fracasso causado por eles próprios e evitar uma depressão. E isso pareceu ter funcionado. Então por que umas vezes tudo dá certo, mas não em outras? Por que o aumento dos gastos em defesa é uma política sensata ao passo que gastar mais em educação, pesquisa e problemas sociais é considerado um desperdício? No caso dos bancos, a desculpa que nos deram foi que as instituições financeiras eram demasiado grandes para fracassar. Acaso achamos que a infraestrutura de pesquisa científica, que nos deu inúmeras curas e avanços tecnológicos, não é demasiado preciosa para definhar?

Talvez um dos problemas seja que as escolhas para financiar a ciência ou a educação são tão variadas e é difícil saber qual das muito boas ideias e propostas terá sucesso. Na ciência, você pode ter uma genuína pluralidade de escolhas entre as quais é difícil decidir. Qual é o melhor modo de buscar a pesquisa do câncer: mediante estudos de mecanismos celulares, estudos imunológicos, estudos epidemiológicos, estudos clínicos? E mesmo dentro de cada uma dessas áreas há dezenas de opções estratégicas. Mas esta também é a grande força da ciência – há muitas opções, muitas ideias, muitas *boas* ideias. Não queremos que isso seja restrito. Não queremos diminuir o reservatório de boas ideias, mesmo que não possamos decidir quais delas vão se revelar bem-sucedidas. Na verdade, é justamente porque não podemos prever os resultados com tanta certeza que precisamos manter tantas abordagens quantas possíveis. Isso se conhece como cobertura das suas apostas e é uma ótima estratégia praticada por muitos investidores e jogadores – na medida em que são populações diferentes. Desconfio que é uma boa ideia também na ciência.

Apesar de tudo isso, o problema real pode não ser simplesmente a insuficiência de financiamento. Como em muitas situações semelhantes, o problema mais urgente é a distribuição, e não o valor absoluto. A distribuição também pode ser mais fácil de corrigir do que fazer *lobby* em um sistema já sobrecarregado. Portanto, sim, mais dinheiro seria bom, mas olhar para as outras opções pode não só oferecer soluções alternativas como também revelar algumas perspectivas inesperadas sobre o financiamento da ciência.

Vamos dar uma olhada nos métodos atuais de financiamento da ciência pelo Estado, com o que realmente queremos dizer financiamento da ignorância pelo Estado (trata-se do desconhecido que estamos procurando). A supervisão do Estado é obviamente adequada, já que a ciência é paga a partir dos cofres comuns. No entanto, o Estado precisa ter cuidado com definir a agenda científica

154 STUART FIRESTEIN

com excessivo cuidado. Instituir programas com metas definitivas e questões focadas, ao mesmo tempo que tenta fazer que os formuladores de política os considerem eficientes, corre o risco de definir a ignorância muito restritivamente. Tem de haver espaço para ideias incomuns que não se encaixam perfeitamente em uma meta programática. Devemos evitar que haja muito pouca aventura na ciência. Fácil de dizer, mas temos de reconhecer que é difícil incorporar esses tipos de incentivos arriscados em uma estrutura burocrática de financiamento que também é responsável por monitorar os resultados das suas decisões.

Como, então, se distribui o dinheiro? Como se tomam as decisões? Aqui há um pouco da visão de um *insider* do processo de subvenção que usamos hoje nos Estados Unidos, especificamente nos NIH, onde tive a experiência mais direta, como avaliador, proponente e destinatário ocasional. A gente ouve muitos gemidos e lamúrias dos cientistas a respeito de subvenções e de todo o processo – por isso, eis uma visão com alguns pormenores que você provavelmente não conhece. Mas, sem os conhecer, como se pode esperar que você saiba o que pensar acerca de tudo isso? Lembre-se, contribuinte, é do seu dinheiro que estamos falando.

No processo de avaliação dos NIH, uma solicitação de subsídio deve ser classificada em várias categorias: Significado, Investigador, Inovação, Abordagem e Meio Ambiente. Embora todos recebam supostamente peso igual na pontuação final, a Abordagem e a Inovação são as pontuações que tipicamente fazem ou estorvam a solicitação. Não que as outras categorias – o significado do trabalho ou os cientistas que vão fazê-lo ou onde será realizado – não sejam importantes, mas elas geralmente são óbvias. Claro que é significativa, pelo menos para você; mas por que outro motivo a solicitar? E os pedidos de subvenção são apresentados por membros do corpo docente com PhD ou MD em grandes universidades, para que eles praticamente sempre atendam a normas de Meio Ambiente. Pode acontecer muito raramente, mas nunca ouvi uma solicitação ser seriamente criticada, quanto menos rejeitada, por insuficiência de instalações ou pela incapacidade do candidato.

FRACASSO 155

A Abordagem é a parte principal do pedido de subvenção, pois detalha quais experimentos serão realizados e como os dados serão analisados e o que os resultados – oxalá – significarão. Um dos elementos necessários da Abordagem é uma consideração do redator de subsídios sobre os problemas e as armadilhas potenciais, inclusive uma breve descrição do que se fará para evitá-los ou do que se fará caso eles aconteçam. Embora isso tudo pareça bastante razoável, essa afinal de contas é a parte do "fracasso" da proposta, é na prática um erro monstruoso. Deliberadamente ou não, ele obriga o candidato a escrever a proposta na perspectiva do sucesso. Ela se torna um discurso de vendedor. Os únicos experimentos propostos são os que provavelmente funcionarão. No fato muito improvável de que não o façam, então podemos propor algumas soluções alternativas. Mas isso não é ciência real – não do tipo que faz descobertas realmente novas e abre novas indagações. Se tudo ou a maior parte do que você propõe funcionar, é provável que você tenha no fim de cinco anos material suficiente para usar como dados preliminares na sua solicitação de subsídio seguinte, de modo que possa garantir aos avaliadores que há uma alta probabilidade de que as coisas funcionem durante mais cinco anos. E, assim, continua o ciclo através de outra carreira na ciência. É claro que todo mundo conhece o jogo, mas isso torna a solicitação de subsídio muito mais um discurso superficial de vendedor.

Pior ainda, esses discursos de vendedor criam expectativas irrealistas quanto ao que pode ser entregue e à rapidez com que tudo acontecerá – afinal, isso é o que faz um discurso de vendedor bem-sucedido. A concorrência entre os discursos de vendedor – pedidos de subvenção, se você preferir – obriga as promessas a se tornarem cada vez mais exageradas. Então, quando a ciência não entrega resultados com rapidez suficiente, os políticos pedem cortes no financiamento ou uma mudança para a pesquisa translacional. O Projeto Genoma Humano talvez seja o caso mais óbvio desse ciclo maligno de promessas irrealistas seguidas de cortes injustificados. Ele prometia uma revolução na medicina e, quando finalmente cumpriu o fornecimento da sequência real do genoma humano, esta não levou

156 STUART FIRESTEIN

a nenhum avanço clínico identificável. Ironicamente, essa é uma das ferramentas mais importantes dos biólogos que fazem pesquisa básica – e, um dia, esses programas de pesquisa impactarão a clínica, se não os deixarem morrer de fome primeiro. Mas precisamos ter paciência e devemos reconhecer que a pesquisa básica e a translacional compartilham o mesmo canal. Não se pode mudar de uma para a outra como se houvesse duas torneiras.

A Inovação como categoria de subvenção é ainda mais perigosa. Aqui, o avaliador tem de assumir a ridícula tarefa de determinar o quão inovador algo é com um número (pontuação) entre um e nove. Cabe-lhe então escrever algumas linhas concisas sobre o que há de "inovador" na proposta. Presumo que isso pretende substituir a ideia talvez muito infantil de curiosidade ou as qualidades difíceis de avaliar de ponderação e criatividade. Mas não. *Inovador* agora passou a significar "original" ou "novo". Deslumbre-me um pouco com o que nunca foi feito até agora. Mas inovador por uma questão de novidade não é o mesmo que curiosidade. Inovador frequentemente regride para "tecnicamente sofisticado" – uma tecnologia ou equipamento novo. Pode, para ser justo, significar fazer uma abordagem original de uma questão antiga. Mas, na minha experiência tanto como avaliador quanto como candidato, esse raramente é o caso. Inovador é, portanto, um território perigoso para o candidato a uma bolsa. Você não quer ser criticado por ser maçante e enfadonho, fazendo pesquisa incremental. Mas se ela for *demasiado* inovadora, a viabilidade diminui um ponto ou dois e isso pode prejudicar a candidatura. Ainda que um avaliador cuidadoso possa usar essa categoria para marcar pontos para uma proposta criativa, muitas vezes é a categoria em que um avaliador mais conservador pode abater a candidatura por ser frívola.

Toda essa palhaçada, toda essa habilidade de obter fundos e arbitrariedade, surgiu da tentativa de padronizar a avaliação da subvenção para que ela se encaixe em cinco categorias passíveis de pontuação. Ter regras para o jogo pareceria superficialmente uma boa ideia – nivelar o campo e dar a todos uma igualdade de oportunidades. O *site* dos NIH explica: "Como os avaliadores pontuam as candidaturas", insistindo que a pontuação geral de uma solicitação de subvenção é "mais do que a soma das suas partes" e é uma "*gestalt* integrada". Mas qualquer um que haja participado de um comitê de avaliação (chamado Study Sections [seções de estudo], com a infeliz sigla SS) ou tenha tido o seu pedido de subsídio avaliado por um deles lhe dirá que é que isso é pura asneira. Trata-se de pontuações do começo ao fim. E o problema é que as pontuações não se saem bem na avaliação da curiosidade, da imaginação, do fracasso e da incerteza. Não há pontuação rebelde. E como não se saem bem na avaliação dessas categorias, elas são justamente as categorias que são eliminadas do processo. Se este é o preço de nivelar o campo de jogo (o que, em todo caso, nada disso faz efetivamente), essa é uma ideia muito valiosa, mas muito ruim. Isso acontece às vezes.

Para que tudo isso volte a funcionar, é preciso que haja uma mudança de perspectiva. Primeiro, não financiamos o sucesso; financiamos fracassos ou o potencial de fracasso. Se quisermos que a ciência nos fale sobre coisas que ainda não sabemos – o seu único propósito razoável, parece-me –, vamos financiar muitas tentativas que não dão certo, pelo menos não imediatamente ou exatamente como as metas foram definidas. Isso significa que o modo como julgar o que financiar não pode ser uma decisão de cima para baixo, já que então estaremos pedindo a algumas pessoas que tomem decisões sobre o fracasso – e isso é pedir muito a poucos.

Estamos presos em um impasse. Tentamos tomar as nossas decisões com base na probabilidade de sucesso, mas sabemos por experiência que somos ruins em fazer esse julgamento e há perdas graves que vêm de não reconhecermos um bom fracasso. Mas julgar fracassos potenciais é ainda mais difícil. Como distinguir um fracasso bom de um ruim, um útil de uma perda de tempo, um fracasso generativo informativo de um beco sem saída?

Na minha opinião, há duas soluções possíveis. A primeira é a melhor em muitos aspectos, mas acho que talvez demasiado radical para ser adotada. Seria um sistema no qual as decisões de financiamento são tomadas por seleção aleatória, depois de uma análise razoavelmente mínima de filtragem ou avaliação de triagem.

158 STUART FIRESTEIN

Donald Gillies (University College London), usando um ensaio inédito do falecido *sir* James Black, (prêmio Nobel descobridor dos betabloqueadores e da cimetidina – Tagamet, para muitos de nós) sugere o financiamento aleatório superficial para o escopo adequado e o pessoal competente (*i.e.*, removendo os excêntricos). Muitos outros fizeram um trabalho extensivo para apoiar essa visão revolucionária, mas crescente, entre eles um brilhante pós-graduando em Cambridge chamado Shahar Avin (com o qual pude discutir isso com muita cerveja quente), e vários grupos na Austrália, no Reino Unido e nos Estados Unidos.

Tendo em conta o número de horas atualmente dedicadas a redigir e avaliar pedidos de subsídio, podemos perceber economias significativas empregando um método simples de loteria. Nicholas Graves, economista da saúde e professor da Universidade de Tecnologia de Queensland, estimou que, em 2012, pesquisadores australianos colocaram o equivalente a cinco séculos de trabalho na redação de solicitação de subvenção. E, como somente 20% das solicitações foram financiadas, isso significa que quatro séculos de trabalho foram mais ou menos desperdiçados. Observe as unidades aqui: séculos! Reduzir esse custo por si só seria motivo suficiente para adotar um sistema aleatório se se pudesse demonstrar que os resultados não foram significativamente diferentes do atual processo de avaliação.

Naturalmente, você pode imaginar o clamor proferido pelos corpos legislativos encarregados do financiamento público. E devo admitir que, por convincente que seja o argumento, eu realmente não gosto da ideia de que a pesquisa científica poderia ou deveria ser sustentada por processos aleatórios. Isso parece tão... científico. Também é um argumento do fracasso do tipo ruim: o sistema atual é pesado, caro e incapaz de produzir os resultados desejados, portanto, vamos jogá-lo no lixo e arremessar dardos, porque quão pior ele poderia ser? Acaso realmente não somos melhores do que o juiz Bridlegoose, satiricamente desenhado por Rabelais, que passa horas lendo uma montanha de documentos e refletindo sobre eles antes de decidir jogando dados, um método que ele afirmava ser tão confiável quanto qualquer outro? A estratégia aleatória parece razoável principalmente, penso eu, porque o sistema atual ficou tão distorcido. Mas talvez ele possa ser desenredado e devolvido ao seu estado historicamente mais produtivo.

Para fazer isso, precisamos da segunda solução possível, e a única que, no meu entender, é realizável. Sugiro que voltemos ao modelo de mercado de financiamento da ciência. Não que ele tenha funcionado. A concorrência entre as solicitações deve se basear no mérito da sua ciência e na criatividade da sua abordagem, na qualidade da sua curiosidade. Embora isso acabe exigindo mais dinheiro no bolso, pode-se realizar muita coisa imediatamente e até mesmo nos níveis de gastos atuais. Há duas condições que têm de estar satisfeitas para que o modelo de mercado funcione. Primeiramente, deve haver uma expectativa razoável de obtenção de financiamento por parte do requerente; do contrário, ele teria de continuar a escrever discursos de vendedor em vez de solicitações de subvenção. Em segundo lugar, deve haver uma margem para o fracasso que seja grande o bastante para permitir o pensamento criativo, mas não tão grande que possamos prescindir do julgamento.

No financiamento biomédico, eu sugeriria que essa margem de fracasso seja de aproximadamente 30% – foi o número que fez da ciência biomédica dos Estados Unidos a potência mundial que tinha sido desde o pós-guerra até a última década do século XX. A atual crise de declínio pode ser rastreada desde as reduzidas linhas de pagamento causadas por orçamentos sem crescimento que fracassaram até em acompanhar a inflação e, coisa que me parece mais importante, a destinação de cima para baixo para certos tipos de projetos de ciência translacional. Se todas essas destinações de cima para baixo fossem encerradas e o dinheiro fosse recolocado em subvenções submetidas à avaliação por pares do mérito científico, as linhas de pagamento corresponderiam a alguns percentuais dos níveis históricos. A correção mais importante e mais simples seria meramente reverter os últimos quinze anos de políticas fracassadas e retornar ao modelo original de avaliação por pares de painéis de especialistas, com menos diretrizes da camada administrativa.

160 STUART FIRESTEIN

Isso teria dois efeitos imediatos e valiosos, e acredito que ambos são essenciais para uma política de financiamento bem-sucedida. Quanto à parte do processo referente à solicitação, as linhas de pagamento mais elevadas restaurariam a racionalidade da redação do pedido criando uma expectativa razoável de financiamento para projetos apresentados honestamente. Do lado da avaliação, os painéis avaliadores são melhores em incluir fracasso no cálculo do valor do que os programas direcionados, que estabelecem metas e, com elas, expectativas que geralmente são irrealistas – e nunca levam em conta os fracassos. O processo de avaliação por pares não é perfeito, mas pode ser trabalhado e melhorado. As destinações orçamentárias são oficiais. Uma vez estabelecidas, elas são resistentes à mudança. Essa não é a maneira de conduzir a ciência, que se caracteriza, no mínimo, pela mudança e pela reconsideração constantes.

Não sei quais são os números em física, química, matemática, psicologia ou em vários estudos ambientais, mas aposto que são aproximadamente os mesmos. Na verdade, nem sei se 30% é o número correto na biologia hoje. Mas esses números podem ser determinados, e acredito que determinados em um valor suficientemente preciso. Usando dados históricos e bons modelos matemáticos, poderíamos calcular a quantidade mínima de pesquisas que devem ser financiadas para garantir o sucesso contínuo e a competitividade racional. Isso também teria de incluir estimativas do que seria necessário para manter a ciência como uma carreira desejável que atraia pessoas jovens e talentosas – todas as quais, em vez disso, poderiam ir para as finanças e perpetrar uma devastação. Isso daria um pouco de trabalho, porém, uma vez mais, os dados e as ferramentas matemáticas estão aí para fazer o serviço. Esta é uma área em que podemos aplicar medidas quantitativas e anos de dados para obter um valor útil. Na pior das hipóteses, obteríamos uma boa estimativa de um valor inicial e, depois, poderíamos fazer ajustes à medida que novos dados se tornarem disponíveis. Que grande experimento!

Portanto, a estratégia de abertura consiste em aumentar as linhas de pagamento simplesmente removendo de programas específicos os orçamentos estabelecidos de cima para baixo e deixar que o mercado de ideias e críticas determine o melhor lugar em que investir o nosso orçamento científico. Por fim, no entanto, os gastos também têm de aumentar. Tendo em conta o número de estudos a mostrarem que o investimento em pesquisa científica cria um retorno maior do que qualquer programa governamental de gastos, não vejo nenhum argumento razoável contra jogar algum dinheiro no problema. É claro que esse dinheiro deve ser jogado tão sabiamente quanto pudermos. O problema é não sermos muito realistas quando se trata do nosso nível de sabedoria.

Continuamos tendo em mãos os recursos mais importantes – os alunos e pós-doutorandos ambiciosos que são bem treinados e estão dispostos a assumir o cargo. A próxima geração está aqui e pronta para trabalhar – pronta para fracassar e para fracassar melhor. Dói-me ver que, quando as pessoas sugerem cortar os orçamentos da ciência, o seu primeiro alvo geralmente é a pós-graduação. Sim, menos pós-graduandos aliviarão a pressão das bolsas, já que haverá menos estudantes disputando os mesmos dólares. E quem acabaremos excluindo desse modo? Acaso alguém tem ideia de como decidir quais deles virão a ser os grandes cientistas e quais devem ser deslocados para outras atividades? Por que restringir o maior recurso que temos – os pós-graduandos e os pós-doutorandos com ideias novas? Afinal, eles merecem uma oportunidade decente de nos mostrar com que brilho são capazes de fracassar.

13
O FRACASSO DA INDÚSTRIA FARMACÊUTICA

A segunda lei da farmacologia: a especificidade de um medicamento decresce com o tempo em que ele está no mercado.

Desconhecido

Eu adoro a Big Pharma, a grande indústria farmacêutica. Trata-se dos maiores e mais bem fracassados da ciência. Fracassam de modo confiável. Os números são impressionantes. Dentre os medicamentos que conseguem chegar aos estudos clínicos, dezenove de vinte acabam sem obter aprovação. A taxa de sucesso cai para um em cem (99/100 fracassos) se você voltar aos estágios de desenvolvimento pré-clínico de um medicamento potencial. Em algumas áreas, especialmente a de Alzheimer e demências, a taxa é essencialmente zero. Os custos que acompanham essas taxas de fracasso são igualmente imensos, variando de 200 milhões a um bilhão de dólares por fracasso. É difícil imaginar qualquer outra atividade, comercial ou não, que permaneça no mercado perante taxas tão elevadas e custosas de fracasso. Mas elas permanecem.

Agora sei que a imagem da Big Pharma não é especialmente positiva na mente de muitos. Ultimamente, essas grandes indústrias

164 STUART FIRESTEIN

farmacêuticas têm recebido muita publicidade negativa, sem falar no acúmulo de dívidas. Parte disso é inegavelmente merecida; elas custaram vidas. Não há defesa para tal coisa. Mas não precisa ser assim. Nem sempre foi assim. Em 1990, a gigante farmacêutica Merck foi reconhecida em uma votação nacional como a empresa mais respeitada dos Estados Unidos. Não só a empresa farmacêutica mais respeitada: a mais respeitada de todas as corporações do país. Hoje, as grandes indústrias farmacêuticas são tão populares quanto as empresas de tabaco e petróleo na mente pública. Isso não é totalmente merecido, porque tais empresas realmente trabalham na cura de algumas doenças muito desagradáveis e elas decerto produziram alguns remédios muito eficazes. Também deixaram um legado pelo qual raramente recebem crédito. Muitos medicamentos de venda liberada que você hoje compra a centavos por comprimido (o que lhe custa mais é a embalagem e a publicidade) – Imodium, Zantac, Tylenol, Benadryl, Ibuprofeno; é uma longa lista –, originalmente foram desenvolvidos por empresas farmacêuticas.

Pode-se arriscar um palpite de que o problema está em tentar misturar ciência com negócios, duas atividades que parecem ser fundamentalmente péssimas companheiras de cama. Mas a engenharia faz um bom trabalho com essa união. A química continua sendo lucrativa e inovadora, embora nem sempre seja muito respeitada. E, durante certo período, pelo menos até o início da década de 1990, a biologia aparentemente se saiu muito bem. O que aconteceu então? Não faltam livros e ensaios sobre esse assunto. Mas a minha pesquisa na literatura desvelou um viés curioso – ela é dominada por analistas de mercado e investidores. Pouquíssima coisa é escrita pelos cientistas que trabalham no desenvolvimento de medicamentos. Há muitos gráficos e tabelas, mas todos são sobre preço por medicamento e as tendências econômicas que influenciam o P&D. Sou cientista, não empresário, e certamente não recomendaria a ninguém aceitar um conselho de investimento meu. Mas acho que falta uma perspectiva em todas essas tentativas de entender o negócio farmacêutico, e acho que posso representá-lo. Isso porque está tudo nos fracassos.

FRACASSO **165**

A farmacologia e a descoberta de medicamentos foram impulsionadas por taxas de fracasso extremamente elevadas. E, na maioria das análises, essas taxas não mudaram em mais de cinquenta anos. O número de medicamentos clinicamente comercializáveis introduzidos a cada ano tem permanecido quase constante desde 1950. Isso ocorre apesar dos avanços extremos nas ciências biológicas, uma base de conhecimento de doenças enormemente expandida, o advento da genômica, tecnologias mais eficientes em química para produzir possíveis moléculas medicamentosas que centuplicaram os candidatos a remédio, e pelo menos dez vezes mais cientistas trabalhando no desenvolvimento de medicamentos do que em 1950. Ah, sim, e muitos bilhões de dólares a mais sendo gastos.

As linhas planas nos gráficos da produção de medicamentos ao longo de seis décadas podem fazer parecer que o número de novos medicamentos descobertos seja uma constante da natureza, imune, por assim dizer, a forças e avanços externos. As tentativas de aumentar a produtividade ou as taxas de sucesso têm resistido não só aos avanços na ciência como também a mudanças na gestão e na organização. As últimas duas décadas presenciaram uma onda de fusões e aquisições que hoje deixaram menos da metade das grandes empresas farmacêuticas que havia em 1990. Apesar disso, não há evidência de que a criação de empresas maiores aumente ou diminua o número de medicamentos produzidos. Trata-se do chamado efeito 1 + 1 = 1. Se duas empresas, cada qual produzindo dois medicamentos por ano, se fundirem, a empresa nova e maior produzirá cerca de quatro medicamentos por ano. Portanto, o tamanho ou, mais apropriadamente, a escala, não importa. (Convém observar que a fusão ou a aquisição traz benefícios financeiros e é por isso que elas continuam acontecendo. Mas o P&D nas empresas parece peculiarmente não afetado – pelo menos é o que diz a simples mensuração da produção de medicamentos.)

Há muitas lamentações sobre a falta de novos produtos das empresas farmacêuticas, como se isso fosse algo novo e que talvez tenhamos atingido algum tipo de limite biológico impenetrável nos alvos para novos medicamentos. Você sabe, o desempenho não prevê resultados

166 STUART FIRESTEIN

futuros. Mas os números realmente não mostram isso. Mostram uma produção constante, ainda que pequena, de novos medicamentos há décadas. Na verdade, todas as tecnologias novas estão funcionando muito bem para manter estável a produção de novos medicamentos apesar de alvos difíceis de resolver. O que está errado é a expectativa sem fundamentos de que as tecnologias novas e mais dinheiro resultassem no aumento da produção de medicamentos.

Os investidores da indústria farmacêutica olham com inveja para o setor de tecnologia e para a Lei de Moore, que mostram uma duplicação da energia de microprocessador a cada dois anos. O que eles veem na indústria farmacêutica é o contrário – que a quantidade de dinheiro para investimento em P&D vem dobrando a cada nove anos, mas não o número de medicamentos. Para o investidor, isso significa efetivamente que a produtividade caiu – o custo de um medicamento novo continua a aumentar exponencialmente, e tem feito isso nos últimos trinta a quarenta anos. Da perspectiva do investimento, suponho que isso não seja bom. Mas, da perspectiva de encontrar novos tratamentos, é uma história de sucesso notável. Os negócios e os mercados simplesmente não são tão bons em fracasso quanto a ciência. Eis o problema.

A resposta da indústria, pois é claro que ainda é uma indústria, tem sido "consertar" o desequilíbrio entre o aumento dos custos do P&D e as descobertas constantes, reduzindo os orçamentos do P&D. Isso tem o efeito imediato de fazer que a relação medicamentos por dólar pareça melhor e, portanto, deixar os investidores mais contentes. Mas os orçamentos limitados significam que as divisões de P&D vão fazer menos apostas. Vão descartar mais cedo os candidatos, potenciais mas arriscados, a medicamentos. Vão se concentrar unicamente nas grandes doenças (*i.e.*, muitos pacientes/clientes) que pareçam tratáveis. Em outras palavras, vão perder a sua tolerância pelo fracasso. Devia ser óbvio que esta não é uma estratégia sustentável. Isso só pode resultar em um ciclo de crescente *feedback* de reduções de gastos e em menos medicamentos.

Mas não creio que os cientistas individuais em atividade nesses laboratórios de P&D tenham perdido o apreço pelo papel que o

FRACASSO **167**

fracasso desempenha na descoberta. Esse andamento insustentável está sendo conduzido por investidores que, assim como o governo federal que eles tanto criticam, não têm consideração pelo valor do fracasso. Querem inovação, mas não querem incluir esse custo no resultado final. Sim, é verdade que podem levar os seus dólares a outro lugar, como fizeram em massa. E os executivos que comandam a indústria farmacêutica podem cortar, reorganizar, fundir e adquirir o quanto quiserem para apaziguar esses investidores e prometer-lhes retornos maiores no futuro. Mas você não pode esquecer a segunda lei da termodinâmica e a fatura de entropia que vem em feitio de fracasso.

Aqui, o que se está esquecendo tragicamente é que esses fracassos também são resultados positivos. O CEO pode prometer aos investidores, com a consciência tranquila, que muitos dos seus fracassos patrimoniais trarão avanços que ainda não podemos enxergar, mas que certamente estão presentes. Nesse caso, o desempenho passado pode prever resultados futuros. O fracasso ocorrerá. Mas esses fracassos são realimentados na base de conhecimento da empresa, e levarão a novas estratégias, e as novas estratégias levarão a novos medicamentos e você será compensado. Paciência.

Eu disse que adoro a Big Pharma porque ela é a melhor em fracassar. E, melhor ainda, põe uma etiqueta com o preço para que possamos medi-lo. A moeda é uma das melhores medidas disponíveis para coisas difíceis de medir. (Acho fascinante ir a leilões porque as obras de arte têm uma etiqueta de preço. Posso concordar com a avaliação ou não, mas ei-la em um número a que alguém, presumivelmente um especialista, chegou. A arte parece ser a coisa mais difícil de medir, mas as casas de leilão fazem isso usando o dólar como unidade de medida.) Usar o dinheiro como medida do fracasso significa que a maior parte do custo na descoberta de medicamentos pode ser ligada ao fracasso. Para ser claro, há muitos que apresentam outras reivindicações. Aqui se incluem o intenso ambiente regulatório, os longos e complicados testes exigidos antes da aprovação, a exigência de que um medicamento novo seja melhor que os já existentes (esse não é o caso de muitos outros produtos – você pode vender um computador ou um carro pior ou equivalente aos outros no mercado e precificá-lo

168   STUART FIRESTEIN

adequadamente), o pouco tempo que uma empresa pode lucrar com um medicamento antes que ele perca a patente, a falta das chamadas frutas fáceis de alcançar (*i.e.*, alvos fáceis). Não tenho dúvida de que tudo isso contribui para tornar a indústria farmacêutica um negócio difícil, mas nenhuma dessas coisas tem um efeito significativo sobre a taxa de fracasso. Na verdade, em alguns casos, elas realmente servem para aumentar a inovação e a descoberta. Em comparação com os seus homólogos no resto do mundo, onde os regulamentos dos medicamentos geralmente são muito mais brandos, as empresas americanas ainda produzem mais e melhores medicamentos novos, aparentemente desafiadas pelas próprias restrições que as tolhem.

Então, por que é tão difícil fazer um medicamento novo? Decerto não faltam patologias que precisam de tratamento. Trate-se dos rins ou dos pulmões, do coração ou do fígado, dos nervos ou do cérebro, de disposição ou de dor, de infecção ou de rejeição – as oportunidades são imensas. Os alvos abundam. O mais intrigante é que seja tão difícil chegar a um deles. Dizem que já não há fruta fácil de alcançar – isto é, todas as drogas fáceis já foram descobertas. Mas essa é uma antiga queixa da ciência e nunca foi verdadeira em nenhum campo. Uma das pequenas tragédias da ciência é o fato de as grandes descobertas se tornarem comuns em um tempo brevíssimo – e não tardamos a esquecer como elas foram difíceis de encontrar inicialmente. A história de cada medicamento hoje disponível está repleta de fracassos, de frustrações e de avanços inesperados depois de muito trabalho árduo.

Creio que o problema é muito mais simples. A biologia ainda é uma disciplina nova e está cheia de surpresas. A evolução não é racional e, se alguém precisar de prova de que não existe nenhum criador inteligente, basta conversar com os diretores científicos das empresas farmacêuticas. Cada medicamento fracassado começou como uma ótima ideia sobre como algo funcionava – o crescimento do tumor ou o acidente vascular cerebral, a depressão ou o diabetes, a infecção viral ou o enfisema, ou, ou, ou... Mas as coisas não são projetadas do modo como gostaríamos, caso elas fossem projetadas racionalmente, e, portanto, a biologia nos engana a cada passo. Somos simultaneamente humilhados e orgulhosos. Humilhados diante da nossa ilimitada ignorância em biologia e orgulhosos da nossa capacidade de decifrar até mesmo o pouquíssimo que dela sabemos. É fundamental estar ciente da nossa ignorância, e as nossas taxas de fracasso são simplesmente um bom indicador dos limites dessa ignorância.

Isso não é motivo de desespero. O fracasso nunca o é, como espero que tenha ficado claro a esta altura. Há muitas oportunidades novas no campo do desenvolvimento dos medicamentos justamente por causa de todos os fracassos. Durante muitos anos, a imunoterapia foi desconsiderada porque fracassava com muita frequência e era considerada simplesmente muito difícil de compreender. Mas então se descobriu o vasto microbioma de organismos que vivem dentro de todos nós, e isso levou a ideias a respeito de funções novas e anteriormente impensadas do sistema imunológico. Atualmente, muitos desses fracassos anteriores fizeram sentido e sugeriram novos modos de fornecer microbioma como medicamentos. E muitas terapias imunológicas estão sendo testadas com um sucesso surpreendente, ainda que irregular. Elas ainda fracassam muito, mas cada fracasso nos aproxima da compreensão de como torná-las mais confiáveis.

Ao contrário da ideia comum de que ensaios aleatorizados cada vez maiores (e mais caros) produzem mais poder estatístico, agora parece que o uso de bases de pacientes menores geralmente revela mais pormenores sobre por que algo fracassa. No fracasso, há mais do que a droga tal e tal fracassou em produzir mais que 35% de melhora em um grande teste clínico. Os grandes testes de medicamentos produzem resmas de dados, mas, no fim, apenas um resultado mais ou menos binário em algum nível predeterminado de importância – sim, ele funciona ou não. Porém há muito mais que perguntar. Funcionou para quem e por quê? Para quem especificamente não funcionou e por quê? Funcionou parcialmente em alguns casos ou durante algum tempo e depois parou de funcionar? Há todas essas novas e inesperadas maneiras de fracassar, e cada uma delas está um passo mais próxima de um novo medicamento maravilhoso. O fracasso é a fronteira da indústria farmacêutica.

14
UMA PLURALIDADE DE FRACASSOS

Mas eu posso pensar o contrário amanhã.

Joseph Priestly, ao anunciar a
sua descoberta do oxigênio

No dia 7 de novembro de 1997, um obituário de página inteira de aproximadamente 4.500 palavras, no *New York Times*, anunciou a morte do filósofo Isaiah Berlin aos 88 anos. *The Guardian* de Londres publicou um artigo ainda mais extenso sobre *sir* Isaiah, o filósofo de Oxford nomeado cavaleiro. Berlin defendera um sistema moral de pensamento ético, histórico e, enfim, político. Uma abordagem que ele denominou pluralismo ou, mais tecnicamente, *pluralismo de valores*. Berlin distinguiu cuidadosamente pluralismo de valores do relativismo e do subjetivismo que gozavam de alguma popularidade entre os filósofos e humanistas da época.

O pluralismo de valores de Berlin era ao mesmo tempo muito mais radical e mais restrito do que o relativismo ou o subjetivismo. Não era "alguma coisa vai", e sim "muitas coisas vão" – ou melhor, "muitas coisas escolhidas vão". Ele afirmava que havia valores que eram tanto bons quanto incomparáveis ou, para usar a sua melhor palavra, incomensuráveis. Isto é, duas ou mais coisas podiam ser

172 STUART FIRESTEIN

valiosas ou boas e, no entanto, não ser mensuráveis entre si, tampouco seria possível decidir entre elas em uma base puramente racional. Pior, elas podiam até estar em conflito. Liberdade e privacidade podem ser um exemplo com o qual lutamos hoje. Ambos são valores reconhecidos, mas não podem ser medidos em uma escala única e comparados entre si nas mesmas unidades (quanto você pagaria por eles, por exemplo), e muitas vezes se opõem um ao outro. Entretanto, é preciso fazer escolhas. Ao contrário do relativismo ou do subjetivismo, o valor de uma coisa ou outra não é uma questão de opinião ou de perspectiva pessoal, ou mesmo de contexto. As diferenças são reais e objetivas e a incomensurabilidade é um atributo de ambas. Portanto, devemos tomar decisões diante de situações incomparáveis e às vezes valores e bens antagônicos.

Tudo isso pode parecer existencialmente triste, mas Berlin via esse estado de coisas como a exemplificação de uma condição humana de pluralismo glorioso. A façanha foi reconhecer o valor do pluralismo, envolvê-lo, expandi-lo, deixá-lo florescer em uma sociedade verdadeiramente liberal. "Há mais de uma maneira de esfolar um gato", e nenhum método é necessariamente melhor que os outros. (Não sei por que gato. Pessoalmente, eu gosto dos gatos e não esfolaria nenhum.) O pluralismo é uma força criativa porque admite múltiplos modos de ver uma coisa, múltiplos caminhos valiosos para escolher.

Ter diferentes escolhas, especialmente escolhas difíceis e incomensuráveis, em vez de meras variações sobre um tema, é expansivo e estimulante. Mesmo depois de fazer uma escolha, resta a probabilidade de que os outros façam escolhas diferentes e, assim, cheguem a conclusões de um modo diferente e, possivelmente, esclarecedor. Não precisamos seguir todos o mesmo caminho, e fazer isso seria socialmente totalitário e pessoalmente não criativo. Berlin nega essencialmente que haja um único modo correto de ter ou ver qualquer atividade humana e afirma que às vezes a multiplicidade criará inconsistências racionais ou lógicas. Viva com isso. Viva bem com isso.

Um dos livros mais famosos de Berlin era, na verdade, um ensaio intitulado "O ouriço e a raposa". Foi escrito como uma crítica a

Tolstói, na qual ele usou um verso de um antigo poeta grego, Arquíloco – "A raposa sabe muitas coisas, mas o ouriço sabe uma grande coisa" –, como um esquema de classificação para escritores, pensadores, artistas e outros que tais. Apesar disso, é indiscutivelmente o mais popular dos seus escritos, e o mais frequentemente citado. O próprio Berlin disse: "Eu nunca o levei muito a sério. Criei-o como uma espécie de jogo intelectual divertido, mas o levaram a sério. Toda classificação lança luz sobre algo". E é uma abreviação singularmente útil para diferenciar as atitudes monísticas das pluralísticas. No ensaio, ele dá exemplos de cada tipo de pensamento, inclusive Platão, Dante, Pascal e Nietzsche como ouriços e Aristóteles, Shakespeare, Montaigne e Joyce como raposas. Claro está, geralmente há um pouco de ambos na maioria de nós – até mesmo Tolstói, conclui ele, era por natureza uma raposa, mas um ouriço por convicção. O pluralismo, no entanto, é a província da raposa.

Berlin aplicou a sua filosofia do pluralismo de valores à arte, à literatura, à história, à política e à ética, mas desconsiderou a ciência em grande parte. Talvez fosse simplesmente porque ela não lhe interessava o suficiente e ele carecia, ou sentia que carecia, de *expertise* suficiente para fazê-lo. Simplesmente não era a sua batalha. Mas esse não é motivo para acreditar que a ciência desfrute de um conjunto monista simples de crenças indiscutíveis e imutáveis. Longe disso: a ciência está repleta de mistérios contínuos e de descobertas inesperadas e, mais importante, aparentes paradoxos dos quais surgem as soluções mais criativas. Em outras palavras, fracassos interessantes. Não há motivo, pois, para que o pluralismo de valores de Berlin não se possa estender às atividades científicas. Vamos ao laboratório e veja como também lá o pluralismo pode ser valioso.

A ciência é um método de observar e descrever o Universo. Ela só pode ser monista se você primeiro acreditar que o Universo é essencialmente monista. Se você estiver convencido de que finalmente há uma única explicação abrangente que descreverá o Universo na sua totalidade, agora e sempre, que esse princípio ou formulação matemática pode e será descoberto, então você pode, pelo menos logicamente, tomar a abordagem monista. Embora, na prática, ainda

174 STUART FIRESTEIN

pareça uma perspectiva muito limitadora. Mesmo que, em última instância, haja uma única Verdade abrangente, não parecemos estar em nenhum lugar enfim próximo das nossas ciências, então por que nos comportarmos assim? E convém notar que, embora muitos cientistas e amplas faixas do público provavelmente acreditem que o mundo "real" seja uma única entidade explicável por algumas leis fundamentais, não há uma ínfima porção de evidência científica de que seja assim.

Pelo contrário, há casos altamente notáveis em que uma visão monista é simplesmente incompatível com a evidência. Na física, a batalha para decidir se a luz age como uma partícula ou como uma onda foi abandonada em proveito da visão dualista, segundo a qual pode ser uma delas ou ambas. E Heisenberg insiste que uma característica fundamental da matéria é que as partículas elementares que a compõem requerem certa indefinição na sua medição. Mesmo na matemática, cuidadosamente construída a partir de axiomas e inferências logicamente derivadas, há os teoremas da incompletude de Gödel a mostrar que não se pode provar que uma resposta é a única resposta dentro de qualquer sistema lógico. A biologia pode não ter tais enigmas atualmente; ainda precisamos resolver alguns dos seus problemas mais difíceis – a consciência, o desenvolvimento e até a evolução. Qualquer um deles poderia conter fatos incomensuráveis. O altruísmo vem à mente como um exemplo do que continua sendo um enigma evolucionário.

Mesmo que houvesse uma explicação simples, não está claro se ela seria fácil de compreender. A equação de Einstein $E = mc^2$ parece ser uma fórmula matemática bastante simples, entretanto, as suas vastas implicações dificilmente são compreendidas por mais do que um punhado de pessoas. Assisti à palestra do físico prêmio Nobel Frank Wilcek, que indicou que mesmo a simples manipulação algébrica dessa equação icônica para $m = E/c^2$ revela uma visão de massa que não seria óbvia para pessoas muito inteligentes (que a inércia de um corpo é uma função do seu conteúdo energético). A simplicidade, mesmo quando está disponível, não é uma substituta do pensamento pluralista.

Onde a ciência cai no esquema de classificação ouriço-e-raposa de Berlin? Em primeiro lugar, deixe-me distinguir dois tipos de ciência que serão relevantes para esta discussão. Há a ciência pessoal, de bancada, que é praticada no nível cotidiano – fazendo experimentos, discutindo resultados, identificando e resolvendo problemas, escrevendo ensaios. A seguir, há a cultura mais ampla da ciência à qual todo cientista pertence e com a qual está envolvido em graus variados – ensinando, avaliando ensaios e subsídios, servindo em comitês. Podem-se aplicar ouriços e raposas a ambas e, às vezes, como o comportamento do ouriço e da raposa, eles se transformam um no outro.

A ciência pessoal é bem captada em uma curiosa construção linguística que os cientistas usam quando falam dos seus trabalhos individuais. Eles geralmente se referem a isso como "a minha ciência". "A minha ciência usa a genética para explorar o câncer de mama." "A minha ciência analisa os padrões de atividade elétrica no sistema nervoso." Os advogados não dizem: "O meu direito é sobre a Primeira Emenda" ou "O meu direito é sobre a regulamentação corporativa". Eles não têm um "meu direito". Nem mesmo os médicos dizem: "A minha medicina é a cardiologia ou a neurologia", ou qualquer que seja a sua especialidade. Eles não têm uma "minha medicina". Os cientistas têm uma relação curiosamente pessoal e proprietária com o seu trabalho. Embora encantador no seu entusiasmo quase infantil, creio que isso tende a criar uma perspectiva monista de ouriço.

Parte dessa abordagem monista se deve ao fato de a ciência depender fortemente da tecnologia. Um laboratório se torna proficiente em certas técnicas e procedimentos ou no uso de certas ferramentas. Um acelerador de partículas ou um microscópio eletrônico, biologia molecular ou coloração anatômica, células-tronco ou telemetria de satélite e assim por diante. Toda disciplina e toda subdisciplina têm o seu conjunto de ferramentas sofisticadas ou de técnicas analíticas. O domínio dessas ferramentas tem um preço bem alto e é uma parte considerável da *expertise* do cientista. Parece que o cientista sabe uma grande coisa e forrageia perguntas saborosas por aí como um ouriço.

176 STUART FIRESTEIN

Tendo o cuidado de acatar o aviso de Berlin e não tomar essa metáfora demasiado estreitamente, os cientistas não andam por aí apontando o X-scópio em uma coisa após outra simplesmente porque eles podem – pelo menos a maioria não pode. Ainda é preciso ter imaginação para pensar no experimento – o equipamento, por complicado e sofisticado que seja, decerto não pensa no experimento. E o fracasso consistente, se não persistente, porque você está usando a tecnologia mais nova, mais "sofisticada e, portanto, a menos confiável, obriga-o a ser mais "raposa".

À parte a perspectiva monista inerente que a sua caixa de ferramentas impõe, também há a dedicação a uma ideia, o foco em uma pergunta, a paixão intensa por descobrir algo acerca de alguma coisa com penetrante minúcia. Tudo isso reforça uma perspectiva monista de ouriço. Não quero chamar isso de míope, porque dentro de certa área especificada pode haver variação muito ampla, mas há uma tendência a acreditar que todas as perguntas relevantes podem ser abordadas e respondidas pelo judicioso uso da sua *expertise* – a sua única grande coisa. Mas, inevitavelmente, o fracasso intervém e o obriga a ser mais raposa. Quando a técnica testada e comprovada não cede a solução, você tem de considerar as alternativas, mesmo aquelas que desafiam o bom senso, a sua estimada hipótese ou fatos supostamente estabelecidos. Então o ouriço se torna raposa durante algum tempo.

Agora vamos contrastar isso com o papel do cientista na cultura da ciência. Talvez você se surpreenda ao saber que os cientistas veteranos passam a metade do tempo ocupados com questões de fora do laboratório, mas que são decisivas para a infraestrutura da ciência. Eles são chamados a fazer parte do governo ou de comitês universitários que lidam com tudo, desde as políticas acadêmicas até a designação de quartos; avaliam subsídios e dissertações; são responsáveis por decisões de contratação, promoção e posse; determinam os requisitos curriculares para graduandos e pós-graduandos; e supervisionam a admissão de estudantes de pós-graduação. Por esses e outros modos, uma parte crítica do seu trabalho é apoiar a instituição da ciência. E é nessas áreas, se não na gestão direta do seu próprio laboratório, que esse monismo é especialmente prejudicial e nele o pluralismo será de suma importância. Se alguns cientistas seniores acreditam que a genética molecular é ciência real e a psicologia comportamental não é, as suas decisões sobre todas essas questões de infraestrutura se refletirão monisticamente nos seus votos e escolhas.

Por exemplo, muitos cientistas consideram um dever recusar pedidos de avaliação de artigos ou bolsas que são muito distantes da sua área de especialização. Não concordo com isso; é uma visão excessivamente monista. Avaliar e julgar requerem o seu próprio tipo de competência e requerem tanta *expertise* como para fazer experimentos. Um bom cientista pode distinguir uma solicitação decentemente escrita de outra que é uma porcaria. Um bom cientista pode distinguir uma pergunta legítima de uma idiota. Mesmo que não esteja no seu campo imediato. Não com 100% de precisão. Mas a metade dos laureados com o Nobel pode mostrar cartas de rejeição dos chamados painéis de especialistas em agências de financiamento e periódicos para o trabalho que mais tarde lhes rendeu o grande prêmio. Então, mesmo com especialistas, não é perfeito, e os erros, erros de omissão, podem ser mais prejudiciais para o progresso do que o desperdício que pode ocorrer com o financiamento de alguns projetos científicos ruins devido a erros de julgamento nascidos da imparcialidade e de perspectivas novas.

Do mesmo modo, para decidir onde colocar os recursos de pesquisa, o melhor seria contar com um processo radicalmente pluralista que mantenha o máximo de opções possível enquanto um problema ainda estiver instável. Seria muito triste dar repentinamente com um problema intransponível e não ter alternativas suficientemente desenvolvidas para avançar em direções novas. Um dos valores mais importantes do pluralismo é tornar os fracassos, mesmos os grandes fracassos, remediáveis. Se uma coisa falhar, não causará um colapso generalizado. Charles Sanders Pierce, o filósofo e cientista pragmatista americano do século XIX, recorre à maravilhosa metáfora da ciência não como uma cadeia de descobertas e métodos que não é mais forte do que o seu elo mais fraco, e sim como um cabo composto de muitos fios finos, numerosos e intrinsecamente conectados.

178   STUART FIRESTEIN

O fracasso de alguns desses fios não enfraquecerá substancialmente a força do cabo.

Adotar esse tipo de pluralismo de valores significa que temos de aceitar um risco significativo de fracasso. Assim como todos os diversos meios de investigação podem levar ao sucesso, também é possível que somente um o faça, e os outros terão sido uma perda de tempo e de dinheiro. Podemos evitar isso? Só apostando todo o nosso dinheiro em um cavalo, o que não é uma boa estratégia, como lhe dirá qualquer investidor de sucesso. O custo do pluralismo é a tolerância e a paciência com o fracasso. O que recebemos em troca é uma ciência mais rica, mais inclusiva, mais envolvente intelectualmente. Não é um mau negócio, na minha opinião. Sim, com certeza custará um pouco mais. Mesmo assim, não deixa de ser um bom negócio.

O campo da neurociência talvez seja típico, ainda que não um exemplo único na ciência moderna. Ele sofre de uma pluralidade de monismos concorrentes, o que é diferente da verdadeira pluralidade. Entre os neurocientistas, há quem acredite que estudar o cérebro de qualquer animal "inferior" ao macaco é um exercício inútil. Outros acreditam que se preocupar com quaisquer criaturas que não o rato, um animal cuja biologia possibilita fazer manipulações genéticas sofisticadas, é mero desperdício de recursos. Os neurobiologistas celulares acreditam que é impossível entender a mente, caso tal coisa exista, ao passo que os neurocientistas cognitivos estão convencidos de que é possível saber absolutamente tudo sobre os neurônios individuais e não lhe dirão quase nada sobre como o cérebro funciona. E todas essas visões são valiosas! Eis o problema do pluralismo: todas estão corretas e todas são estratégias que devem ser apoiadas. E então teremos uma vibrante ciência do cérebro. Será que alguém realmente acha provável que algo tão complexo quanto o sistema nervoso possa ser explicado por um único princípio?

Rodney Brooks, o roboticista australiano, agora mais conhecido graças ao seu simpático robô Baxter, tem repensado há décadas o que os robôs poderiam ser. Não só ele é pluralista como também os seus robôs o são. Em um caso, conta ele, a Nasa tinha uma oferta de contrato de construção de um robô que seria enviado em uma das suas missões. Mas as restrições de peso eram difíceis e exigiam cortar cantos, de modo que garantir que o robô realmente funcionaria era arriscado. Em vez disso, Brooks propôs fazer centenas de robôs minúsculos, com o mesmo peso agregado, que poderiam executar uma variedade de tarefas e enviá-las, assim como muitos insetos, quando a sonda pousasse. Mesmo que muitos deles falhassem, haveria um número suficiente para coletar dados úteis.

E, por falar em insetos, Mark Moffett, colega smithsoniano e entomologista (o seu *site*, conhecido como Dr. Bugs, é imensamente informativo e divertido), indica que as colônias de formigas trabalham nesse esquema pluralista. Enquanto elas podem existir como um superorganismo com bilhões de membros que cumprem os seus deveres muito monistas individualmente, quando precisam de informação sobre o mundo exterior – comida ou inimigo perto da colônia –, elas enviam milhões de formigas individuais, a maioria das quais nunca voltará à colônia nem encontrará a informação necessária. Mas suficientes voltarão para que a colônia siga vivendo com sucesso. Com muito sucesso. Transformar-se de ouriço em raposa e vice-versa é um truque muito bacana. Poderíamos aprender algumas coisas com essas formigas.

De uma fonte ainda mais improvável, os anais do monoteísmo, há uma história talmúdica que capta a natureza profundamente quase paradoxal do pensamento pluralista. O rabino, ensinando uma parte das escrituras, pede ao primeiro aluno que interprete a passagem. Quando este termina de apresentar a sua complicada interpretação, o rabino diz: "Muito bem, você está certo!". Então chama o segundo aluno, que passa a dar uma interpretação diametralmente oposta, mas igualmente minuciosa. "Muito bem", diz o rabino. "Você está certo!" Um terceiro aluno protesta: "Mas, rabino, eles não podem estar ambos certos". "Muito bem. Você está certo!", diz o rabino.

O pluralismo na ciência é uma ideia de interesse e popularidade crescentes na literatura filosófica. A filosofia da ciência nem sempre tem relevância direta para a prática cotidiana na ciência e, na verdade, é frequentemente desconsiderada, se não totalmente desacreditada pelos cientistas. Na minha opinião, esse é um erro

180 STUART FIRESTEIN

da parte deles, mas é assunto para outro momento e outro lugar. No entanto, o pluralismo e as novas ideias a ele associadas poderiam e deveriam ter um efeito muito direto tanto sobre a prática da "minha ciência" quanto, em particular, sobre como operamos essa atividade chamada ciência.

A abordagem pluralista fornece uma base sólida para a incerteza e a dúvida que muitas vezes são endêmicas na ciência. O pluralismo aceita o valor da ignorância e do fracasso no processo de obtenção de conhecimento científico. É assim que a incerteza, a dúvida, a ignorância e o fracasso se transformam em uma força de criatividade em vez de uma fonte de desalento. Eles abrem espaço para uma multiplicidade de teorias e abordagens em ciência, mesmo aquelas que não estão inteiramente corretas. O pluralismo reconhece que algumas coisas serão conhecidas quase com certeza, ao passo que outras podem permanecer pelo menos temporariamente incertas. Ele nos diz que essa ciência instável não é a mesma coisa que ciência doentia e requer que nós – não só os cientistas, mas todos nós – trabalhemos arduamente para fazer essa distinção. Justamente porque admitimos que as explicações alternativas podem coexistir – pelo menos durante algum tempo – torna-se cada vez mais importante entender que uma explicação viável não tem de ser *a* explicação.

Em um esquema pluralista ainda se fazem escolhas – assim se *valoriza o pluralismo*. Nem tudo é igual. Significativamente, Berlin reconhece que a equivalência de ideias não faz parte do pluralismo. Essa seria a condição mais simples e menos rigorosa do relativismo – o "tanto faz" atualmente em voga. Mas no monismo também se fazem escolhas – escolhas mais extremas porque tudo, exceto um caminho, é descartado. Pluralismo significa muitos, mas não quaisquer.

E uma vez que se abre o portão, eu o ouço protestar: como decidir o que deixar entrar e o que manter lá fora? Mas esse é um argumento superficial nascido de uma espécie de preguiça intelectual que preferiria um único caminho correto e identificável, excluindo assim a confusão do mundo. Tudo bem, mas excluir a desordem também exclui a riqueza. O pluralismo de valores significa que ainda se fazem julgamentos. Mas esses julgamentos não precisam se resumir a um único vencedor. Mesmo que todos os caminhos finalmente levem a Roma, vários deles oferecem uma gama mais interessante de jornadas do que todos a entupirem uma autoestrada. E um acidente em uma via não leva à paralisação do comércio romano. Quem já dirigiu em Roma pode, compreensivelmente, achar essa analogia exagerada, mas você entendeu a ideia.

Como a ciência se compara a outros empreendimentos humanos, a outras epistemologias, nessa perspectiva de fracasso e pluralismo? Aos negócios, à economia, ao governo, às artes? As artes, parece-me, têm mais paralelo com a ciência. Exigem o fracasso, a ignorância, a incerteza e a dúvida para alimentar a criatividade e a descoberta – são melhores quando mantêm o pluralismo, embora muitas vezes aconteça de elas serem controladas temporariamente pelo modismo ou a moda. Os negócios parecem ser fundamentalmente diferentes. Nos negócios, a ética de "o vencedor leva tudo" é predominante. Alcança-se o sucesso devorando a competição, e não tolerando-a. O monopólio (aí está aquela raiz *"mono"* de novo) é a vitória final nos negócios, daí a necessidade de intervenção jurídica para suprimi-lo. Sei que há uma infinidade de livros de negócios que exaltam o fracasso e o correr riscos, mas está tudo a serviço de uma estratégia de domínio mundial.

Embora Isaiah Berlin defenda de modo convincente e apaixonado o pluralismo no Estado e na cultura, eu pessoalmente vejo pouco dele no discurso moderno. A política certamente se tornou um jogo de "o vencedor leva tudo". As ideias originais do pluralismo associadas às democracias liberais e a deliberações legislativas desapareceram todas em proveito do fervor de um caminho verdadeiro. Os eleitores passaram a acreditar, não a escolher, e as alternativas são despachadas com retidão presunçosa. Ainda há lados, e se pode escolher este ou aquele (eu diria conservador ou liberal, democrata ou republicano, mas esses termos perderam o significado e só são rótulos por pertencerem a determinada linha partidária que acredita completamente na sua supremacia). Hoje em dia, juntar-se a um lado significa tão somente declarar os seus *slogans*. Não há

182 STUART FIRESTEIN

fracasso bom, nenhum fracasso com valor, na política ou no Estado. Daí a confusão.

A tecnologia, que cruza a ciência e os negócios por meio da indústria, é um exemplo interessante de uma espécie de quimera. Embora inicialmente ela possa ser pluralista no seu estágio científico e desenvolvente, por fim se torna monista. Quando os gravadores de videocassete apareceram no mercado no início da década de 1970, havia diversos formatos entre os quais escolher. Cada um tinha recursos valiosos, mas não eram compatíveis. O consumidor era obrigado a escolher entre a Betamax da Sony e o Video Home System (VHS) da JVC. Uma guerra de formatos de tipos desenvolvidos (este agora é um estudo de caso clássico nas escolas de negócio), com o VHS finalmente vencendo e levando a Betamax à extinção em um decênio. Havia muitas boas ideias incorporadas nos dois sistemas e muitas outras boas ideias provavelmente teriam derivado de pesquisas contínuas em ambos os formatos. Mas eles eram muito literalmente incompatíveis. A indústria multibilionária que controlava as tecnologias não estava interessada em valores pluralistas, e sim em moeda muito absoluta. E a Betamax, com todos os seus avanços tecnológicos, desapareceu sem deixar vestígios.

Uma batalha ainda mais reveladora e duradoura propagou-se com fúria na indústria de computadores pessoais. Muito já se escreveu sobre a luta de morte entre os sistemas operacionais da Microsoft e da Apple. Eu só desejo indicar que, para todos os computadores pessoais do mundo, ter mais que um sistema operacional dificilmente seria uma ideia ruim. Mas, aparentemente, no que diz respeito à Apple e à Microsoft, isso equivaleria a uma apostasia. Devido a esse pensamento monopolista, estivemos a um fio de cabelo de ter apenas um sistema operacional sobrevivente – a Apple esteve muito perto de desaparecer. Talvez em reação a isso, há novos jogadores em campo (Google, Linux) e a possibilidade de que os sistemas operacionais permaneçam pluralistas. Realmente, porém, poderia ter sido o caso de que só houvesse uma boa maneira de operar um computador? E, mesmo que assim fosse, qual é a probabilidade de que o primeiro (ou os primeiros) que criamos fosse o melhor? No entanto, esse é o argumento a que Bill Gates ou Steve Jobs teriam recorrido. E talvez os seus herdeiros ainda achem que vale a pena fazê-lo, junto com muitos outros capitalistas do tipo "o vencedor leva tudo" do Vale do Silício disfarçados de capitães da inovação.

Aqui também poderíamos comparar com a religião. Mas suponho que ninguém se oporá a que eu evite essa discussão. Quando a British Royal Society foi fundada em 1660 como a primeira academia de ciências, entre as regras da carta figurava uma que dizia que não haveria discussões sobre religião ou política. Sem dúvida, essa regra contribuiu para a longevidade da Society. Já cometi o erro de incluir um parágrafo sobre política. Estou convencido de que devo evitar o erro quase certamente fatal de me envolver com religião.

Sem ouvir nenhuma objeção (porque estou escrevendo este livro a sós no meu apartamento), vou acreditar que todos vocês acham que o pluralismo é desejável. Mas devemos deixar claro que não é um requisito. Se algo é conhecido e estabelecido para o acordo de todos os especialistas envolvidos, provavelmente seria contraproducente desenvolver novos modelos simplesmente com base em que você não tem como provar que não poderia ser de outra maneira também. Por certo, não tenho como provar que a posição dos planetas no céu noturno não influencia a minha vida amorosa – mas como não há nenhuma evidência que apoie tal ideia e há muitas que a desacreditam, não vejo motivo para prosseguir com o assunto.

Ao mesmo tempo, ter algo aparentemente estabelecido para a satisfação de todos não significa que tudo o mais agora é inútil e pode ser descartado. Afinal, muitas coisas importantes que antes pareciam estabelecidas – o espaço e o tempo absolutos, o vitalismo biológico e até os átomos – revelaram-se explicações incompletas ou mesmo incorretas que precisavam ser alteradas, se não substituídas, anos ou décadas depois da sua aceitação geral. Mas a barreira é erguida no caso de modelos ou teorias fortes, e a admissão de novos sistemas requer evidência forte. Isso não é monista, apenas sensato. Na verdade, é por isso que o pluralismo pode funcionar diferentemente do relativismo e do subjetivismo. Ele exige que sejamos

184   STUART FIRESTEIN

mais tolerantes e mais desconfiados ao mesmo tempo. Ironicamente, reconhece os incomensuráveis valores da tolerância e da cautela, da mente aberta e do ceticismo.

* * *

Este foi um capítulo extenso, então deixe-me resumi-lo e tentar fazer uma conexão clara entre o pluralismo e o fracasso. O fracasso, a ignorância, a incerteza e a dúvida são ingredientes importantes da ciência. Se você aceita que diversificar e minimizar o risco das apostas são boas ideias diante da ignorância, da incerteza, das dúvidas e das taxas de fracasso potencialmente altas, então o pluralismo é para você. Ao procurar um campista perdido, que claramente só tem uma localização, ainda que desconhecida, enviar todo mundo ao mesmo caminho provavelmente não resultará em sucesso. Dispersar-se é o método escolhido.

Mas o pluralismo também torna o fracasso mais provável. Dispersar-se pode ser o melhor método, mas isso significa que a maioria dos que procurarem não encontrará o campista. Do mesmo modo, na maior parte das pesquisas científicas, é perfeitamente possível que haja uma única resposta correta ou um pequeno número delas (*vide* o Capítulo 5, "A integridade do fracasso"), as quais podem se revelar *não* inteiramente incomensuráveis. Acaso toda ciência é redutível à física, como certos físicos um tanto arrogantes querem que você acredite? Não acho que seja o caso, embora não o possa dizer com certeza. Porém, mesmo que seja, não descobriremos isso estudando somente física.

Descrevi duas perspectivas que a ciência pode adotar na sua busca contínua de explicação – o monismo e o pluralismo. É claro que sou a favor do pluralismo. Além disso, afirmo que um princípio fundamental da prática do pluralismo é a aceitação do fracasso. Eu poderia ir mais longe e tentar afirmar que o fracasso é um requisito do pluralismo, e até mesmo o fracasso aceitável e não catastrófico permite e talvez até facilite o pluralismo. Ou é ao contrário? Ou é das duas maneiras?

FRACASSO **185**

Acompanho os escritos de Isaiah Berlin há algum tempo e sempre tive interesse em vê-los aplicados à ciência. Tive a sorte de encontrar uma porta dessa busca como convidado do Departamento de História e Filosofia da Ciência na Universidade de Cambridge e, em particular, graças à minha amizade e a muitas discussões com o professor Hasok Chang e com outros aos quais ele me apresentou. Os meus comentários sobre o pluralismo seguem os de vários filósofos e comentaristas da ciência, inclusive Nancy Cartwright, Stephen Kellert, Helen Longino, Israel Schleffer, Elliot Sober e muitos outros. Evitei os argumentos a favor do pluralismo de filósofos como Thomas Kuhn e Paul Feyerabend por achá-los mais complicados do que seria adequado a este livro (e a este autor); também porque eu, pessoalmente, acho que as suas ideias não são comensuráveis, se você quiser, com as apresentadas aqui, e são francamente menos relevantes. Não incluí citações diretas, já que esta não é uma publicação acadêmica e porque preferi não interromper o fluxo do leitor com notas e citações intrusivas. Em vez disso, incluí extensas listas de leitura nas notas para os interessados em prosseguir nesta fascinante avenida.

Epílogo (caso não tenha sido suficiente para você): um estudo de caso em monismo a científico

Charles Darwin acreditava firmemente que os animais tinham vida mental, inclusive pensamentos e emoções que eram diferentes em quantidade, mas não em qualidade, dos vividos pelos seres humanos. Ele possuía um enorme cachorro terra-nova chamado Bob. Eu também sou servo de um terra-nova mansamente insistente (chamado Orsin) e então entendo por que Darwin pensou que os animais tinham vida mental. Mas, além de combinar inteligência com um terra-nova, Darwin acreditava, porque a evolução o sugeria, que não havia razão para pensar que os aspectos mentais obedeciam a regras diferentes de qualquer outro aspecto fisiológico, anatômico ou bioquímico da vida. Isto é, há uma continuidade evolutiva entre

186 STUART FIRESTEIN

todas as formas vivas e funções tal como expressas na miríade de espécies extintas e existentes. Se é possível acompanhar a evolução contínua do sistema cardiovascular, não há razão para suspeitar que o sistema nervoso humano seja o único a ter surgido espontaneamente. Ainda que possa ter tido poucos dados empíricos para isso, Darwin acreditava nisso como uma proposição quase de bom senso decorrente dos princípios da evolução.

Seguindo Darwin, surgiu um campo do comportamento animal conhecido como etologia, especialmente na Europa. A etologia era a investigação do comportamento animal pela observação e a experimentação principalmente na natureza, mas também entre animais cativos ou domésticos, com o objetivo de compreender o seu comportamento em contextos mais ou menos naturais e através das lentes da evolução. Os grandes líderes nesse campo foram Konrad Lorenz e Niko Tinbergen, vencedores do prêmio Nobel de Fisiologia ou Medicina em 1973.

A etologia se baseava no estudo naturalístico do comportamento dos animais e empregava, descaradamente, a crença de que os animais possuíam estados mentais que poderíamos entender empaticamente. Isso é conhecido como *antropomorfização*, uma palavra feia, e agora uma espécie de palavrão na ciência comportamental. Significa literalmente interpretar os comportamentos externos dos animais como se fossem os de uma pessoa. Isto é, como que a emanar dos estados mentais – desejos, medos, impulsos – que não são diretamente observáveis, mas podem ser intuídos a partir das nossas próprias experiências mentais. Embora isso seja feito o tempo todo com cobaias humanas em experimentos de psicologia, há aí a vantagem de poder pedir aos seres humanos que façam um relato verbal do seu estado mental, ao passo que não se pode fazer isso com os animais. Até que ponto esse relato verbal pode ser confiável é uma incógnita e se tornou um assunto bastante controverso por si só – em psicologia, em economia e em jurisprudência. Contudo, não se pode pedir a um animal que relate o seu estado mental, não diretamente.

A etologia floresceu, especialmente na Europa, e produziu algumas ideias novas e formas novas de pensar nos problemas

FRACASSO **187**

antigos – aprendizado rápido, instinto, aprendizado animal, comportamento social, natureza *versus* criação e assim por diante. Era, por temperamento, um tipo de ciência de baixa tecnologia que se encaixava muito bem nos outros ramos da biologia perto do início do século XX. Nos Estados Unidos, o interesse científico pelo comportamento seguiu um caminho um pouco diferente, sobretudo através dos escritos e da influência de John B. Watson, um dos gigantes da psicologia americana. Ele introduziu a ideia do behaviorismo, que afirmava que o único assunto verdadeiro para o estudo científico do comportamento era através do que podia ser observado, não inferido.

E então, na década de 1960, um jovem psicólogo, que logo se tornaria famoso ou infame, chamado Burrhus Frederick Skinner, ou BF, como ele compreensivelmente preferia ser chamado,* assumiu a bandeira behaviorista e instituiu um rigoroso programa experimental. Em uma rejeição direta da escola de etologia do comportamento, propôs a repulsa radical do que não podia ser diretamente observado – que significava tudo, salvo o comportamento ostensivo. Os estados mentais eram, na melhor das hipóteses, conjeturas e não podiam ser objeto de verdadeira investigação científica. Além disso, o behaviorismo radical, como veio a ser conhecido, alegava ocupar uma posição de superioridade científica sendo inteiramente experimental, sem nenhuma tentativa de se aproximar de um contexto ou ambiente natural – físico ou social. Skinner talvez seja mais conhecido por ter inventado um recinto parecido com uma gaiola, mais tarde conhecido como caixa de Skinner, para alojar pombos, ratos ou camundongos. (O mais infame é que ele também construiu uma para a sua filha brincar.)

Nesse ambiente controlado, recompensas alimentares eram distribuídas com base no comportamento do animal na caixa, ou nas contingências particulares do experimento. A questão era que o ambiente estava sob o controle quase completo do experimentador

---

* Skinner também significa peleiro ou pelador, profissional que tira o pelo dos animais, que tosquia ou tonsura. [N. T.]

188 STUART FIRESTEIN

e cada comportamento que o animal tivesse podia ser observado e anotado cuidadosamente, produzindo assim grandes quantidades de dados. Tinha todas as armadilhas da ciência real. Permita-me usar dois experimentos clássicos para contrastar a abordagem de cada grupo. Nos primeiros anos do século XX, o etólogo Wolfgang Kohler investigou as habilidades mentais dos chimpanzés observando-os na natureza e, finalmente, realizando um famoso experimento com chimpanzés alojados em zoológicos. Colocou um cacho de bananas no alto, fora do alcance do animal, e deixou algumas caixas de madeira espalhadas no recinto. Depois de algum tempo, os chimpanzés empilharam as caixas, escalaram-nas e alcançaram as bananas até então inacessíveis. Kohler afirmou que eles chegaram a essa solução com pouca ou nenhuma experiência anterior, e sim como uma questão de um *insight* original – uma espécie de momento "Ahá!" da descoberta por mentação.

Em 1947, usando pombos em uma das suas caixas experimentais, BF Skinner fez um experimento inteligente no qual afirmou que desenvolvera um comportamento supersticioso. Uma bolinha de comida era dada ao pombo a cada quinze segundos, independentemente do que ele tivesse feito. Isto é, o seu comportamento real era completamente irrelevante na obtenção da "recompensa" alimentar. A ave era deixada nessas condições durante "alguns minutos diários" e depois de alguns dias (curiosamente, o número não é especificado na publicação da experiência em 1948), cada um dos vários pombos, na sua gaiola, podia ser visto apresentando um conjunto muito distinto de comportamentos que levavam à entrega de uma bolinha de comida. Um deles saltava de um pé para o outro, o segundo enfiava o pescoço para fora e para dentro, outro girava em círculos – cada qual desenvolvia um conjunto de comportamentos que ele havia tido até pouco antes que o mecanismo de alimentação fosse ativado, e depois ia buscar a sua recompensa. Skinner observou que esses comportamentos resultavam do comportamento aleatório que o pombo estava tendo quando a bolinha foi lançada pela primeira vez e que, portanto, esse comportamento específico tinha sido reforçado. A repetição do comportamento continuava a resultar, do ponto de vista da ave, na entrega da comida, de modo que o comportamento era ainda mais reforçado. Skinner afirma que esses comportamentos, na verdade desconectados da recompensa, são muito parecidos com os comportamentos supersticiosos que as pessoas desenvolvem em situações nas quais os seus atos não podem realmente alterar o curso dos acontecimentos. Os jogadores ou atletas com vários rituais da "sorte" vêm à mente muito facilmente.

Acho fascinantes ambos os conjuntos desses experimentos e observações. Os dois lançam alguma luz sobre o comportamento e a sua origem. Ambos fornecem modelos tentadores, embora incompletos, de comportamentos complexos que não são incomuns nos seres humanos nem nos outros animais. Os dois iluminam entre os assuntos mais difíceis de estudar – o cérebro e o comportamento. No entanto, os partidários dessas duas escolas – a etologia e o behaviorismo radical – nem mesmo se falam. Não conseguem sequer ser civilizados entre si. Há ataques violentos ao trabalho dos adeptos da escola rival na imprensa e na literatura científica, relatos de negação de promoção e exercício pelos departamentos dominados por uma ou por outra. De fato, praticamente todos os departamentos de psicologia já foram, caso ainda não tenham sido, conhecidos como pertencentes a uma escola ou à outra. O behaviorismo radical chegou a ser conhecido mais comumente como skinnerismo e seus adeptos como skinnerianos, como se se tratasse de uma seita ou nacionalidade. Um estado de coisas singularíssimo para as pessoas que estudam o comportamento e as suas consequências. Infelizmente, a ironia parece esquecida pelos participantes.

Os behavioristas acusam os etologistas de antropomorfizar, como se isso fosse uma doença psicológica. Os etologistas afirmam que o comportamento operante não passa de um conjunto de truques de circo aprimorados para que pareçam comportamentos reais, mas que são completamente limitados a ambientes empobrecidos do tipo laboratório. Nenhum dos dois acredita que o outro pratica ciência real. Nenhum acredita que o outro tenha algo valioso a oferecer à neurociência. Durante muito tempo, os behavioristas radicais,

190 STUART FIRESTEIN

liderados por Skinner e os seus muitos alunos, dominaram a psicologia americana. O financiamento do trabalho etológico era quase impossível de obter dos NIH ou da NSF. Caracterizar o trabalho de alguém como antropomórfico era fatal e marginalizava imediatamente a pessoa e a obra. Uma paisagem quase oposta prevaleceu na Europa, onde a etologia era considerada intelectualmente superior aos "corredores de ratos" – uma referência sarcástica ao uso de ratos criados em laboratórios para experimentos comportamentais em labirintos e arranjos do tipo caixa de Skinner (embora o próprio Skinner sempre tivesse preferido os pombos).

Não consigo pensar em um caso pior de monismo nos anais da ciência moderna. Aqui pesquisadores inteligentes tentam entender a coisa mais difícil de entender na Terra – o cérebro, as suas percepções e o comportamento, como ele (nós) pensa – e eles só podem ver isso como uma luta chauvinista de morte. Treinam quadros de estudantes como se fossem exércitos, publicam artigos nos seus próprios periódicos como se fossem instrumentos de propaganda, têm conferências separadas como se fossem convenções políticas. Estamos diante de um cisma total aqui – em muitos aspectos desconfortavelmente semelhante à divisão entre cristãos católicos ou protestantes ou muçulmanos sunitas e xiitas. Isso tem algum sentido? É assim que se deve praticar a ciência?

Eu, pessoalmente, acho esclarecedores os experimentos e os resultados de ambos os grupos. Skinner e os behavioristas mostraram que o cérebro é facilmente condicionado por recompensas, talvez com perigosa facilidade, para que nós, a sociedade, assumamos o controle da situação e estabeleçamos incentivos úteis – ou deixemos tudo por conta do acaso e aceitemos as consequências. Eles demonstraram de modo convincente que o cérebro não é condicionado com muito sucesso pela punição e que esta é uma maneira ineficiente de alterar o comportamento – não que quem está no poder pareça dar ouvidos a esses dados úteis. Os etólogos nos mostraram que os estados mentais podem ser testados e que são dignos da nossa investigação. Mostraram-nos que muitos animais podem ter vida altamente cognitiva e merecem o nosso respeito e tratamento ético. Eles

FRACASSO **191**

investigaram com sucesso o comportamento social e a possível origem dos comportamentos enigmáticos como o altruísmo, a cooperação, a empatia e a amizade. Mostraram-nos que a evolução molda o comportamento, mas não o determina necessariamente. Mostraram-nos que os seres humanos não estão no topo da escala porque não há escala, somente modos diferentes de o cérebro resolver os problemas. E esses exemplos são apenas uma pequena amostra do que está contido nessas duas literaturas separadas.

Ainda mais interessantes são as questões que surgem desses esforços de pesquisa. Quão plástico – isto é, adaptável – é o cérebro? Quanto é inato e quanto pode ser moldado pelo aprendizado e pela experiência? Qual é a natureza da comunicação? Em que ela difere (ou não) da linguagem? Há um senso de identidade e o que significa possuí-lo (ou não o possuir)? Há limites para o aprendizado? Quanto do aprendizado é consciente, e quanto inconsciente? Qual é a diferença entre aprender *o que* e aprender *como*? E outras milhares.

Esse estado de coisas abominável é uma situação muito ocidental. O conflito insolúvel entre as escolas europeia e americana não é encontrado no Japão, por exemplo. O estudo dos antropoides e dos símios é uma área importantíssima no Japão há mais de um século, tendo produzido nesse período vários primatologistas de renome internacional. Entre eles estiveram Shunzo Kawamura e Masao Kawai, trabalhando inicialmente sob a orientação de Kinji Imanishi. Especialmente Kawai teve uma influência significativa no campo da primatologia no Japão durante várias décadas. Ele e os seus associados mostraram que um comportamento aprendido em um bando de macacos selvagens pode ser transmitido geracionalmente. Essa é a história agora famosa da lavagem da batata, um comportamento iniciado espontaneamente (Ahá?) por uma fêmea jovem do bando e que se espalhou rapidamente entre os membros mais novos e posteriormente foi transmitido à geração seguinte por observação e tentativa e erro (condicionamento?); os macacos mais velhos, curiosamente, não adotaram esse comportamento (bah, tolice?).

Essa descoberta e outras foram feitas – ou, como nesse caso, observadas – por causa da mentalidade específica dos primatologistas

192 STUART FIRESTEIN

japoneses como Kawai. Eles, naturalmente, empatizavam com as suas cobaias primatas para obter uma compreensão mais clara do seu comportamento. "Para entender o macaco, você deve entender a mente do macaco", era o credo. Mas, para fazer isso, você "grava só o que você vê". Essa estratégia, uma espécie de combinação intelectual de etologia e behaviorismo, era exclusiva do Japão. Por quê? Uma teoria propõe que, como o Japão não era uma cultura cristã (mono-teísta), nunca houve uma noção de que o homem fosse descontínuo dos outros animais. A teoria de Darwin da evolução foi ampla e ime-diatamente aceita no Japão como sendo quase autoevidente – é claro que há continuidade entre todos os seres vivos e não é inadequado acreditar que os macacos podem compartilhar algumas das nossas experiências mentais.

Essa atitude, ou melhor, a falta da atitude negativa, levou ao uso regular do antropomorfismo na observação e na descrição do com-portamento animal. Naquela cultura científica, não era conde-nável aplicar qualidades humanas ao comportamento dos outros animais. Podemos ver isso como uma espécie de teleologia com-portamental – isto é, o uso do propósito para descrever a função. As explicações teleológicas geralmente são consideradas cienti-ficamente falidas – as pedras não se movem devido ao seu desejo de chegar a outro lugar, e sim em virtude de forças impessoais a elas aplicadas. A teleologia só pode levar a histórias assim – girafas ficando com o pescoço mais comprido porque querem alcançar os galhos mais altos e que tais. Mas a teleologia e o antropomorfismo, embora fundamentalmente errados, têm algum valor em direcio-nar a nossa mente para coisas que, de outro modo, poderíamos per-der completamente. A descoberta de grupos sociais em larga escala entre certos primatas ou nos golfinhos, e o "propósito" de formar e romper amizades e alianças são mais bem descritos, pelo menos por enquanto, em termos antropomórficos e teleológicos. Temos con-fiança em que acabaremos sendo capazes de compreendê-los em uma base genética e evolutiva, ou como resultado dos níveis hormo-nais produzidos em reação a sugestões de estresse ou sexuais, ou de algum mecanismo fisioquímico. Mas, enquanto não tivermos uma

FRACASSO **193**

causa final reducionista de uma atividade comportamental sofisticada, por que não usar o atalho da teleologia? Podemos entender que basicamente a teleologia e o antropomorfismo não darão uma resposta satisfatória, enquanto ao mesmo tempo nós os usamos como ferramentas para fazer descobertas novas, úteis e verdadeiras.

O meu propósito nesta longa história multicultural, que, espero, também seja envolvente e esclarecedora, era mostrar o valor do pluralismo e a destrutividade do monismo na ciência. Todos esses métodos tinham muito que oferecer – e cada um deles fracassou de várias maneiras. Os fracassos não são motivo para descartar um conjunto de dados e interpretações. Eles são construções muito úteis e nos ajudam a entender coisas difíceis de entender – mesmo que apenas provisoriamente.

15
CODA

O fracasso é a favor do futuro.

Rita Dove, poeta laureada dos
Estados Unidos (1993-1995)

Quando comecei a escrever este livro, eu tinha algumas ideias claras sobre o fracasso e o seu valor na busca de explicações científicas. O que me surpreendeu foi a rapidez com que aquelas poucas ideias geraram dezenas – não, centenas – de perguntas. Não sei por que fiquei surpreso; é exatamente isso que acontece na ciência – as respostas geram perguntas, sempre mais perguntas do que respostas. De modo que ainda há muitas perguntas. Mas você tem de terminar em algum lugar. Esse é o único modo de continuar com isso.

Tenho muitos arrependimentos com relação a este livro. Na vida, os arrependimentos não são bons, mas, nos livros, acho que são. Há outros vinte capítulos, ensaios, que eu podia ter escrito ou escrevi, mas não os incluí aqui. E, se os tivesse incluído, haveria outros vinte; tenho certeza disso. É bom. Há mais que dizer, mais em que pensar. E é claro que não há nada que o impeça de prosseguir e pensar os seus próprios capítulos. Espero que seja isso que aconteça. Você deve ter notado que tenho uma predileção por citações. Não que pense que citar pessoas famosas dê mais autoridade a uma declaração ou a deixe menos vulnerável à crítica. Não, é porque me parece que não é porque alguém já morreu que deva ficar fora da conversa. E, mais importante, devemos nos dar conta de que a conversa está em curso há um bom tempo. Não começou conosco e não terminará aqui. Por certo eu não gostaria que este livro desse fim à conversa. Nada de conclusões, por favor.

Apesar de tudo isso, há uma espécie de proposta inserida aqui. Uma proposta de como pensar e até mesmo de como conduzir a ciência neste lugar complicado que a ciência ajudou a complicar. A minha proposta é que o método científico – o verdadeiro método científico de acolher a dúvida, a incerteza, a ignorância e o fracasso na empresa, o método em que a ciência é um processo e não uma pilha de fatos, um verbo, não um substantivo – que esse método científico não é propriedade de um quadro de elite de PhDs e *experts*. Acredito nos *experts* e devo muito às pessoas que dedicaram muito do seu tempo e da sua vida para se tornar conhecedores de áreas restritas, mas indispensáveis. Para progredir, precisamos de *experts* dedicados. Mas é perigoso quando esses *experts*, que sabem a importância do fracasso e da dúvida e que encaram a incerteza e a ignorância como oportunidades, ocultam essas facetas do processo ou simplesmente deixam de explicitá-las. É quando eles se tornam elites, proposital ou acidentalmente. É quando a cultura como um todo se sente excluída da ciência. É quando a ciência gera desconfiança e ressentimento. Esse é um fracasso terrível, o tipo errado de fracasso.

Mas, se os cientistas *experts* falarem honestamente sobre o fracasso, a incerteza e a dúvida, haverá um corolário, a responsabilidade do público que usufrui dos frutos da ciência de entender que estes representam o progresso e não um motivo para desconfiar das descobertas e opiniões científicas. O ato de expressar dúvida e incerteza deve tornar a pessoa mais confiável. Qualquer um que afirma conhecer a verdade, a Verdade, porque é especial ou tem um vínculo especial com alguma autoridade que ninguém pode questionar, essa é a pessoa com a qual convém ser cauteloso. O escritor André Gide aconselhava: "Procure aqueles que buscam a verdade. Fuja de quem afirma tê-la encontrado". A ciência é o melhor método que conheço para ser cauteloso sem ser paranoico.

Portanto, também cabe a esse público entender como a ciência funciona e o que dela se pode esperar sensatamente. Cabe a esse público fazer o trabalho árduo de ser cidadão em uma democracia, e não simplesmente submeter-se à autoridade. Cabe aos cidadãos aprender a apreciar o fracasso e a ignorância como um cientista profissional os aprecia. Porque essa parte da ciência está disponível para eles sem obter um PhD.

Não digo que seja fácil. Reconheço que pode ser difícil tomar decisões críticas quando há muitas opções, geralmente conflitantes e apoiadas somente por dados instáveis (mas não desatinados). É difícil aceitar que o nosso sucesso depende de fracassos e que precisamos ter paciência. É difícil reconhecer que não é a produção que devemos medir, e sim os resultados. É difícil fracassar muitas e muitas vezes sem perder o entusiasmo. Principalmente, é dificílimo, como diz Richard Feynman, não nos autoenganarmos. Mas todas essas coisas podem ser feitas de modo inteligente e ponderado com a atitude certa para com a ignorância e o fracasso. Sei disso porque é fácil ver os resultados desastrosos – na política, na sociedade, na educação, na ciência – quando as pessoas afirmam saber algo com certeza, quando alegam infalibilidade, quando reivindicam autoridade. Do mesmo modo, é fácil contar os resultados irracionalmente bem-sucedidos que seguem reiteradamente a dúvida, o questionamento e o fracasso.

A ciência é um grande tesouro e uma aventura imensamente envolvente. Ela funciona melhor nas democracias e pior a serviço dos impérios. Isso por si só deve nos dizer algo acerca de por que a valorizamos. Ela é geracional, chega à nossa porta vindo das gerações anteriores e por nós é enviada à próxima. É global, pode ser feita em qualquer lugar e os seus resultados são válidos em toda parte. E, o mais importante, ela não é propriedade de nenhuma elite ou quadro especial.

Seja este livro bem-sucedido ou fracassado – eu confundo as duas coisas –, ele lhe terá dado alguns novos modos de pensar a ciência que respeita a sua *expertise* como membro da 150ª geração da humanidade registrada. Espero que você esteja disposto a participar da diversão.

Nova York, Estados Unidos
Cambridge, Reino Unido
31 de dezembro de 2014

Notas e obras consultadas

Evitei espalhar notas de rodapé pelo texto porque sinto que elas interrompem o fluxo do leitor, muitas vezes desnecessariamente. Em vez disso, incluí um conjunto de notas no fim do livro que você pode usar se achar interessante. A minha sugestão é folhear as notas e, se você encontrar uma que lhe interesse, vá a ela e leia-a junto com o texto a que ela se refere. Na maior parte dos casos, as fontes a que me refiro no texto são facilmente encontradas *on-line* com uma simples pesquisa no Google. Nos casos em que o material veio diretamente de um livro agora esgotado ou de um jornal que não consegui encontrar facilmente *on-line*, incluí o material relevante como um arquivo PDF no meu *site*: <http://stuartfirestein.com>.

Caso eu tenha omitido material crítico ou uma informação seja de algum modo obscura, por favor, envie-me um *e-mail* e posso corrigir isso no *site*.

Também incluí uma lista de livros e artigos que consultei e acho que são leituras que valem a pena. As minhas observações sobre eles devem ser consideradas opiniões pessoais.

200   STUART FIRESTEIN

Introdução

Página 11

A epígrafe de Benjamin Franklin, indiscutivelmente o primeiro cientista dos Estados Unidos, foi retirada da sua notificação de 1784 ao rei da França sobre o magnetismo animal. A sua versão mais longa diz:

> Talvez a história dos erros da humanidade, considerando tudo, seja mais valiosa e interessante do que a das suas descobertas. A verdade é uniforme e estreita; existe constantemente e parece não exigir tanto uma energia ativa quanto uma aptidão passiva da alma para encontrá-la. Mas o erro é infinitamente diversificado; não tem realidade, mas é a pura e simples criação da mente que a inventa. Neste campo, a alma tem espaço suficiente para exibir todas as faculdades ilimitadas e todas as suas belas e interessantes extravagâncias e absurdidades.

Página 13

Peter Medawar, "Is the Scientific Paper Fraudulent?", *The Saturday Review*, p.42-3, 1º ago. 1964. (Há um pdf do artigo no meu *site*.)

Medawar ganhou um Prêmio Nobel em 1960 pelo seu trabalho que mostrava como o nosso sistema imunológico distingue a si próprio do outro, a base do enxerto e da rejeição de tecido. A sua obra, que estuda os mecanismos fundamentais do que se conhece como tolerância imunológica adquirida, foi, no entanto, fundamental para o progresso do transplante de órgãos e tecidos. Medawar foi chamado de pai do transplante, designação que ele sempre rejeitou.

Também ficou conhecido, especialmente no Reino Unido, onde morou e trabalhou, como um brilhante porta-voz da ciência com uma capacidade de explicar ideias complexas de modo compreensível, acessível e, talvez mais importante, de modo divertido. Richard Dawkins o chamou de "o mais espirituoso dentre os autores científicos". Ele era muito conhecido pelo público britânico devido às suas aparições na televisão e no rádio e aos seus numerosos livros populares, todos os quais ainda merecem ser lidos.

Também foi um eloquente defensor das ideias do filósofo Karl Popper, com o qual manteve laços estreitos. Popper aparece mais adiante neste livro.

Capítulo 1: Fracassando ao definir o fracasso

Página 15

A citação de Gertrude Stein é da sua coletânea de contos *Four in America* [Quatro na América], escrito em 1933, mas publicado somente em 1947, um ano depois da sua morte.

> *Encyclopédie, ou Dictionnaire raisonné des sciences, des arts et des métiers* foi publicada originalmente em 1751 com inúmeras atualizações e revisões pelo menos até a década de 1830. Em geral, não sou a favor de enciclopédias, que tendem a congelar o conhecimento, concentrando-se no que é conhecido em vez de no muito mais interessante, que é o desconhecido. Entretanto, esse é um clássico do Iluminismo e, mais do que uma mera compilação, uma verdadeira tentativa de definir e compreender muitas ideias novas. [Ed. bras.: *Enciclopédia, ou Dicionário razoado das ciências, das artes e dos ofícios*. 6v. São Paulo: Editora Unesp, 2015-2017.]

Paginas 19-20

Ambas as formas de gravidade se devem de fato à aceleração em linha reta. A Lua está caindo constantemente em direção à Terra, mas, ao fazê-lo, está realmente acelerando em linha reta no espaço

202 STUART FIRESTEIN

curvo, portanto, nunca cai na superfície da Terra, que está se afastando dela. Do mesmo modo, em um elevador, você está caindo em linha reta e não tem peso – pelo menos até chegar ao fundo. Devo essa explicação a Huw (pronuncia-se Hugh) Price, e só posso esperar não a ter deformado para além do reconhecimento ao simplificá-la para me fazer entender. O professor Price, da Universidade de Cambridge, é filósofo e historiador da física. Tive a sorte de assistir à sua aula em Cambridge no meu ano sabático em 2013-2014. Tivemos sorte, pois ele postou generosamente as suas excelentes notas de aula e muito mais material no seu *site* pessoal para que você as leia a qualquer momento gratuitamente. Huw tem a capacidade de tornar muito acessíveis os conceitos mais difíceis. Também pode pensar e comunicar coisas fascinantes sobre o tempo, o seu verdadeiro trabalho acadêmico. A maior parte dos seus artigos está disponível *on-line* (uma vez mais no seu *site*) e, se você começar a lê-los, o tempo parecerá passar rapidamente, pois o seu cérebro ficará cada vez mais desafiado por ideias verdadeiramente extraordinárias. Obrigado, Huw. E me desculpe. (Embora você possa pesquisá-lo no Google, o *site* dele é simplesmente <prce.hu/>).

Páginas 20-21

Há numerosos livros sobre Haeckel, que se tornou uma espécie de figura polêmica. Você também pode encontrar uma grande quantidade de informações sobre ele e as suas ideias na *web*. Além da sua imensa curiosidade científica, ele tinha uma notável sensibilidade estética. Uma prova disso é o belíssimo livro das suas gravuras compilado em formato de brochura, *Art Forms in Nature: The Prints of Ernst Haeckel* [Formas artísticas da natureza: as gravuras de Ernst Haeckel] (Munique; Londres: Prestel-Verlag Press, 2014). O livro inclui cem pranchas coloridas, com contribuições de Olaf Breidbach e Irenaus Eibl-Eibesfeldt e prefácio de Richard Hartman. A famosa prancha dos embriões curiosamente não foi incluída, mas você pode encontrá-la *on-line*.

Capítulo 2: Fracasse melhor

Página 29

A citação de abertura é de uma das últimas coletâneas de contos de Beckett, *Worstward Ho*, Londres: Calder Publishing, 1983.

Página 30

A descrição de *Esperando Godot* como "um mistério envolto em um enigma" foi, provavelmente por engano, tirada de um discurso de Winston Churchill, no qual ele caracterizou a Rússia como "uma charada envolta em um mistério envolto em um enigma".

Capítulo 3: A base científica do fracasso

Página 39

A citação de abertura é uma letra musical de "Wild Wild Life" de David Byrne e The Talking Heads.

Páginas 42-43

The Three Princes of Serendip (às vezes soletrado Sarendip) é um conto de fadas persa datado de 1302. Na verdade, os três príncipes nas versões originais eram sensatos e atenciosos à maneira de Sherlock Holmes – usando a observação simples de pequenos pormenores para supor a natureza das coisas invisíveis. A história aparece em *Zadig* de Voltaire, onde é usada como exemplo de sagacidade e do método científico da observação e inferência. Poe e Conan Doyle também podem ter sido influenciados pela narrativa de Voltaire. No entanto, o uso atual (em inglês) no sentido de boa sorte simples se

204 STUART FIRESTEIN

deve a Horace Walpole, que cunhou o termo "serendipity" (serendipidade) em uma carta ao seu irmão em 1754.

Capítulo 4: O sucesso irracional do fracasso

Páginas 47-48

E. P. Wigner, "The Unreasonable Effectiveness of Mathematics in the Natural Sciences", palestra de Richard Courant sobre ciências matemáticas proferida na Universidade de Nova York, 11 maio 1959, *Communications in Pure and Applied Mathematics*, v.13, n.1, p.1-14, 1960. Uma entrada da Wikipedia sobre esse artigo provê numerosas respostas e artigos relacionados que ele gerou. Um PDF do artigo original está no meu *website*.

Página 48

Esse ensaio apareceu como capítulo de um livro de James Robert Brown intitulado *Readings in the Philosophy of Science: From Positivism to Post Modernism* [Leituras na filosofia da ciência: do positivismo ao pós-modernismo], editado por Theodore Schick Jr. (Londres: Mayfield Publishing, 1999). Essa coletânea contém muitos ensaios clássicos sobre filosofia da ciência de muitos dos líderes no campo. Mas é um livro caro. Pode-se encontrar uma cópia do sumário, para qualquer pessoa interessada, em: <http://www.gbv.de/dms/goettingen/301131694.pdf>.

Página 83

Derek de Solla Price é praticamente um herói para mim. Em primeiro lugar, topei com o seu livro esgotado *Little Science Big Science* (Nova York: Columbia University Press, 1963) quando estava escrevendo *Ignorância*. Baseava-se em uma série de palestras por ele ministradas em 1960. Quase cinquenta anos depois, elas ainda estavam repletas de ideias novas e de percepções relevantes da literatura científica. É possível comprar essa obra e a que, na verdade, foi o seu primeiro livro, *Science since Babylon* (New Haven, CT: Yale University Press, 1961) [ed. bras.: *A ciência desde a Babilônia*. Belo Horizonte: Itatiaia, 1976. (Coleção O Homem e a Ciência, 2)] sobre o mercado de livros usados. Mais importante, descobri que muitos dos seus artigos e fotografias foram colhidos, selecionados e estão disponíveis para fins de bolsa de estudos no Adler Planetarium em Chicago. A informação está disponível no *site* do planetário. Também incluí no meu *site* um arquivo PDF do conteúdo da coletânea. Depois descobri que ele foi um dos primeiros alunos a fazer doutorado em história e filosofia da ciência (1949) no então recém-formado departamento da Universidade de Cambridge – justamente no qual eu estava passando um ano sabático enquanto escrevia este livro! Há uma história notável no *Science since Babylon* a respeito de Price como pós-graduando. Ele estava à procura de manuscritos medievais referentes à instrumentação científica, particularmente do tipo astronômico. Na Biblioteca Peterhouse, a mais antiga da Cambridge, havia um livro sobre astrolábios atribuído a um astrônomo desconhecido e que chamava pouca atenção. Curiosamente, o manuscrito estava escrito em inglês médio, não em latim, e, o mais importante, era datado de 1392. Isso significava que Geoffrey Chaucer – sim, o poeta medieval também era aficcionado da astronomia – havia publicado um conhecido manuscrito sobre o astrolábio em 1391. Nas palavras de Price: "Encontrar outro tratado de instrumentos em inglês datado do ano seguinte era como perguntar 'O que aconteceu em Hastings em 1067?'". A conclusão inescapável era de que aquele texto tinha necessariamente algo a ver com Chaucer. Na verdade, resultou que se tratava de um manuscrito de Chaucer que dava seguimento ao livro anterior. Aliás, é o único manuscrito completo existente na caligrafia do próprio Chaucer – com exceção de alguns papéis e contas fragmentários, não há nenhum outro documento escrito pela mão de Chaucer. Um achado

206 STUART FIRESTEIN

e tanto para um pós-graduando! Há muitas outras histórias e ideias interessantes nos livros de Price, que merecem ser reimpressos – projeto que espero realizar em um futuro próximo. <http://www.adlerplanetarium.org/collections/>.

Capítulo 5: A integridade do fracasso

Página 58

Refiro-me a um espetáculo amplamente disponível de Robin Williams que pode ser acessado facilmente *on-line* em um vídeo do YouTube (https://www.youtube.com/watch?v=pcnFbCCgTo4).

Pode ser uma das suas cenas habituais de *stand-up* mais emotivas, porém, antes de mostrá-la às crianças, saiba que está generosamente cheia de palavrões. De algum modo é ainda mais comovente devido ao seu suicídio após anos de luta com a depressão. Pode ser que você considere isso um fracasso trágico, mas não é um fracasso de Williams. Trata-se de um fracasso com o qual continuamos trabalhando arduamente nas neurociências. Mas Williams triunfou durante muito tempo e foi com folga um dos homens mais engraçados que já caminharam na Terra – com suicídio, depressão e tudo.

Capítulo 6: O fracasso no ensino

Página 65

Ernst Mayr, *The Growth of Biological Thought: Diversity, Evolution and Inheritance* (Cambridge, MA: Harvard University Press, 1982). Pode-se encontrar a citação aqui mencionada na página 20 da edição em brochura. [Ed. bras.: *O desenvolvimento do pensamento biológico: diversidade, evolução e herança.* Brasília: Editora UnB, 1998.]

Vários livros sobre o tema do ensino de ciências para não cientistas em nível universitário surgiram na década de 1930 e no início da de 1940 como resultado de uma investigação séria sobre o assunto chefiada por James B. Conant quando era presidente da Harvard. Conant era químico por formação e estava profundamente envolvido em muitas questões de segurança nacional e ciência, inclusive o desenvolvimento da bomba atômica. Era considerado um presidente transformador da Harvard, tendo servido de 1933 a 1940, depois do que se afastou a fim de trabalhar para o governo. O principal entre os seus interesses educacionais era investigar como a ciência caberia em uma educação liberal clássica. Vários livros foram gerados a partir das comissões e conferências convocadas por Conant. Na minha opinião, eles são tão relevantes hoje quanto eram há sessenta anos. Não sei ao certo se isso é bom, mas nos diz que os problemas não são resolvidos facilmente.

Entre eles figuram: James B. Conant, *Science and Common Sense*. New Haven, CT: Yale University Press, 1951 [ed. bras.: *Ciência e senso comum*. São Paulo: Clássico-Científica, 1958]; idem, *Modern Science and Modern Man*. Nova York: Columbia University Press, 1952 [ed. bras.: *A ciência moderna e o homem moderno*. Rio de Janeiro: Zahar, 1965]; I. Bernard Cohen; Fletcher G. Watson (orgs.), *General Education in Science* [Educação geral em ciência]. Prefácio J. B. Conant. Cambridge, MA: Harvard University Press, 1952; James Bryant Conant, *Two Modes of Thought: My Encounter with Science and Education*. Nova York: Trident Press, 1964 (Credo Series) [ed. bras.: *Dois modos de pensar: meus encontros com a ciência e a educação*. São Paulo: Editora Universidade de São Paulo, 1968].

Página 66

Michael R. Matthews; Colin F. Gauld; Arthur Stinner (orgs.), *The Pendulum: Scientific, Historical, Philosophical and Educational Perspectives* [O pêndulo: perspectivas históricas, filosóficas e educacionais]. Dordrecht, Países Baixos: Springer, 2005. Parcialmente reimpresso a partir de *Science & Education*, v.13, n.4-5 e v.13, n.7-8, 2004.

208   STUART FIRESTEIN

Eis uma amostra do sumário: *Introdução*: Michael R. Matthews; Colin Gauld; Arthur Stinner, "The Pendulum: Its Place in Science Culture and Pedagogy"; *Scientific Perspectives*: Randall D. Peters, "The Pendulum in the 21st Century-Relic or Trendsetter"; Ronald Newburgh, "The Pendulum: A Paradigm for the Linear Oscillator"; Klaus Weltner; Antonio Sergio Esperidião; Roberto F. Silva Andrade; Paulo Miranda, "Introduction to the Treatment of Non--Linear Effects Using a Gravitational Pendulum"; César Medina; Sandra Velazco; Julia Salinas, "Experimental Control of a Simple Pendulum Model"; *Historical Perspectives*: Colin Gauld, "The Treatment of Cycloidal Pendulum Motion in Newton's *Principia*"; Zvi Biener; Chris Smeenk, "Pendulums, Pedagogy, and Matter: Lessons from the Editing of Newton's *Principia*"; Pierre Boulos, "Newton's Path to Universal Gravitation: The Role of the Pendulum"; Fabio Bevilacqua et al., "The Pendulum: From Constrained Fall to the Concept of Potential"; *Philosophical Perspectives*: Robert Nola, "Pendula, Models, Constructivism and Reality"; Agustín Adúriz-Bravo, "Methodology and Politics: A Proposal to Teach the Structuring Ideas of the Philosophy of Science through the Pendulum"; *Perspectivas educacionais*: Erin Stafford, "What the Pendulum Can Tell Educators about Children's Scientific Reasoning"; Paul Zachos, "Pendulum Phenomena and the Assessment of Scientific Inquiry Capabilities"; Robert Whitaker, "Types of Two--Dimensional Pendulums and their Uses in Education"; Marianne Barnes; James Garner; David Reid, "The Pendulum as a Vehicle for Transitioning from Classical to Quantum Physics: History, Quantum Concepts, and Educational Challenges"; Igal Galili; David Sela, "Pendulum Activities in the Israeli Physics Curriculum: Used and Missed Opportunities"; Michael Fowler, "Using Excel to Simulate Pendulum Motion and Maybe Understand Calculus a Little Better".

Página 69

Hasok Chang, *Inventing Temperature: Measurement and Scientific Progress* [Inventando a temperatura: medição e progresso científico]. Nova York: Oxford University Press, 2004. (Estudos de Oxford de Filosofia da Ciência.)

Página 76

A citação oficial do artigo é: Margaret Mead; Rhoda Métraux, "Image of the Scientist among High-School Students: A Pilot Study", *Science*, v.126, n.3270, p.384-390, 1957.

Esse artigo pode ser difícil de obter sem acesso a um sistema universitário de biblioteca. Coloquei no meu *site* um PDF dele.

Capítulo 7: O arco do fracasso

Usei numerosos textos para rastrear a descoberta da circulação do sangue, e há vários relatos do trabalho específico de Harvey nessa área. Fui orientado em tudo isso pelo trabalho do historiador Charles Singer e especialmente pelo seu pequeno e rico livro, *A Short History of Anatomy and Physiology from the Greeks to Harvey* (Nova York: Dover Publications, 1957) [ed. bras.: *Uma breve história da anatomia e fisiologia desde os gregos até Harvey*. Campinas: Editora da Unicamp, 1996].

Pode-se encontrar uma descrição mais erudita e aprofundada do desenvolvimento da anatomia e da fisiologia desde os antigos até Harvey no notável *Edge of Objectivity* [Limite da objetividade] do historiador Charles Coulson Gillespie (Princeton, NJ: Princeton University Press, 1960). Trata-se talvez da história mais abrangente, e legível, da ciência ocidental, de Copérnico à física e à biologia quânticas modernas. Coulson desenvolve a história das ciências da vida como incorporada por Galeno, Vesálio e Harvey no contexto

210 STUART FIRESTEIN

do desenvolvimento paralelo na física de Copérnico a Galileu e Newton. Também tem o cuidado de apontar todos os fracassos no tortuoso caminho da compreensão da circulação do sangue. O seu relato é mais minucioso do que qualquer coisa que eu pudesse apresentar aqui, e sugiro intensamente essa fonte ao leitor interessado (você encontrará esse material no Capítulo 11).

Página 90

Tive a sorte de estar na Itália no verão de 2014 e perto o suficiente para fazer um desvio e visitar o Teatro de Anatomia de Pádua. Foi preservado ou talvez reconstruído, de modo que está como quando Vesálio lá dissecava. Chamar o espaço de "teatro" deixa inteiramente de capturar a realidade da estrutura. Trata-se de uma íngreme estrutura circular de madeira de três andares. As três "fileiras" são amplas o suficiente para ficar em pé, e há um parapeito alto o bastante para impedir que a pessoa caia, mas baixo o suficiente para que ela se debruce a fim de observar os procedimentos na pequena área circular em que ficava a mesa de dissecação. De pé ali, pode-se imaginar facilmente o fedor que reinava no lugar. Uma combinação quase letal dos hábitos de banho relativamente relaxados da época, o calor e o suor de trezentos homens amontoados verticalmente em um espaço que seria menor que um quarto de dormir médio, só que mais alto, e a probabilidade de que pelo menos alguns "alunos" mais novos vomitassem devido ao mau cheiro do cadáver e à visão da dissecação. A própria área de dissecação era vizinha da área conhecida como a cozinha, outro nome inadequado. A "cozinha" era o lugar em que Vesálio e os seus assistentes preparavam o cadáver para a dissecação do dia. Uma vez pronto, e com os alunos na galeria, o cadáver podia ser levado à cova no vórtice do "teatro" e as aulas podiam começar. Acho que todos os estudantes de medicina atuais deviam fazer uma visita ao famoso teatro de operações de Vesálio – para nunca mais se queixarem das suas próprias condições de trabalho.

Capítulo 8: O método científico do fracasso

Página 97

Mencionei em outro lugar o meu gosto pelas citações. Mas fiquei surpreso ao descobrir que as suas fontes são notoriamente difíceis de localizar. A do início deste capítulo é típica. Eu tinha certeza de que era de Churchill e ela lhe tem sido atribuída com frequência. Mas não há absolutamente nenhum registro, por ele ou por alguém que o ouviu, de que realmente pronunciou essa frase – muito menos que a tenha criado. O mesmo vale para Lincoln, que costuma receber o crédito. Pessoas como Churchill e Lincoln (assim como Voltaire e Edison) parecem ser regularmente os beneficiários de tais atribuições errôneas, talvez por serem tão carismáticos e geralmente parece que teriam dito algo parecido. É como disse Yogi Berra: "Eu nunca disse nem a metade das coisas que disse". Ou pelo menos eu acho que foi Yogi...

Páginas 105-106

Essa noção de criatividade decorrente da dissociação de ideias em vez da sua associação não é nova. Que eu saiba, foi mencionada pela primeira vez pelo menos sugestivamente por Wolfgang Kohler no seu estudo da inteligência dos chimpanzés e da solução de problemas. Veja *The Mentality of Apes* [A mentalidade dos antropoides], trad. para o inglês de Ella Winter (Londres: Kegan Paul; Trench; Trubner / Nova York: Harcourt, Brace & World, 1925). Pode ter sido Kohler o primeiro a usar a expressão "Experiência Ahá" para descrever o comportamento perspicaz. Ele e os seus experimentos aparecem uma vez mais no Capítulo 14 sobre o pluralismo.

Também se pode encontrar a noção de dissociação criativa em um livro intrigante com muitas ideias radicais, pelo menos algumas muito atuais hoje em dia, de José Ortega y Gasset, *The Revolt of the Masses* (Nova York: W. W. Norton, 1932) [ed. bras.: *A rebelião das massas*. São Paulo: Martins Fontes, 2019].

212 STUART FIRESTEIN

Páginas 107-108

O prêmio Nobel François Jacob faleceu em abril de 2013, e vale a pena ler o seu obituário no *New York Times*. Ele foi um dos grandes escritores populares de biologia – entre as fileiras de *sir* Peter Medawar, Lewis Thomas, E. O. Wilson e Konrad Lorenz. Recomendo muito os seus livros curtos e enganosamente simples. Estão repletos de belas ideias como a de "ciência noturna". Eis os meus favoritos: *The Possible & the Actual* [O possível e o verdadeiro]. Nova York: Pantheon Books, 1982; *The Statue Within: An Autobiography*. Trad. ingl. Franklin Philip. Nova York: Basic Books, 1988 [ed. bras.: *A estátua interior: autobiografia*. Lisboa: Dom Quixote, 1988]; *The Logic of Life*. Trad. ingl. Betty E. Spillmann. Princeton, NJ: Princeton University Press, 1993 [ed. bras.: *A lógica da vida*. São Paulo: Paz e Terra, 2008]; *Of Flies, Mice and Men*. Trad. ingl. Giselle Weiss. Cambridge, MA: Harvard University Press, 2001 [ed. bras.: *O rato, a mosca e o homem*. São Paulo: Companhia das Letras, 1998].

Capítulo 10: Resultados negativos

Página 117

A epígrafe é de uma palestra de 1947 que Turing ministrou na London Mathematical Society.

Página 129

Há um livro muito divertido e muito acessível sobre essa controvérsia, de Elliot S. Valnenstein, intitulado *The War of the Soups and Sparks: The Discovery of Neurotransmitters and the Dispute over How Nerves Communicate* [A guerra das sopas e das centelhas: a descoberta dos neurotransmissores e a disputa sobre como os nervos se comunicam]. Nova York: Columbia University Press, 2005.

Capítulo 11: O filósofo do fracasso

Popper publicou um número enorme de artigos. Consultei alguns deles, mas principalmente confiei no conhecimento dos meus amigos no Departamento de História e Filosofia da Ciência na Cambridge. Felizmente passei um ano sabático lá, do contrário teria ficado totalmente perdido.

Um dos volumes das suas obras reunidas, o que mais usei, foi *Conjectures and Refutations: The Growth of Scientific Knowledge*. Nova York: Routledge, 1963 [ed. bras.: *Conjecturas e refutações: o progresso do conhecimento científico*. Brasília: Editora UnB, 2008].

Capítulo 12: O financiamento do fracasso

Página 141

A epígrafe é do romance de Joseph Heller, *Good as Gold* [Bom como ouro]. Nova York: Simon and Schuster, 1979.

Página 158

As ideias aqui referidas são enunciadas em vários lugares, mas principalmente no livro de Donald Gillies, *How Should Research Be Organised?* [Como a pesquisa deve ser organizada?]. Londres: College Publications, 2008. Gillies examina o que no Reino Unido é conhecido como RAE, ou Exercício de Avaliação de Pesquisa. A sua análise, contudo, é facilmente transferida para a situação do financiamento nos Estados Unidos.

Danielle L. Herbert; Adrian G. Barnett; Philip Clarke; Nicholas Graves, "On the Time Spent Preparing Grant Proposals: An Observational Study of Australian Researchers", *BMJ Open*, v.3, n.5, 2013; disponível em: <https://bmjopen.bmj.com/content/3/5/e002800>.

214 STUART FIRESTEIN

Usando uma variedade de medidas, essa equipe de pesquisadores/economistas australianos chegou à estimativa de cerca de 550 anos de tempo gasto para preparar propostas de subsídios. Dado o número muito maior de pesquisadores americanos, a quantidade de tempo poderia ser facilmente o dobro nos Estados Unidos. Há vários trabalhos de acompanhamento para este que também são de interesse. Todos estão disponíveis na *web*. Enquanto eu escrevia este capítulo, o apoio ao aumento do financiamento da ciência veio de uma fonte muito improvável – um artigo de opinião, no *New York Times*, do ex-congressista Newt Gingrich. Ele pede uma renovada ênfase ao financiamento das nossas principais instituições de pesquisa, reivindicando crédito, é claro, por ter arquitetado a duplicação do orçamento dos NIH do fim da década de 1990. Foi o artigo que mais *e-mails* recebeu no *Times* daquele dia. Além do bem-vindo apoio ao aumento do financiamento de pesquisa, Gingrich apresenta muitos números que convém conhecer. Pode-se encontrar o artigo em: <http://www.nytimes.com/2015/04/22/opinion/double-the--nih-budget.html?_r=0>.

Capítulo 13: O fracasso da indústria farmacêutica

São infindáveis os artigos e livros escritos sobre a indústria farmacêutica, tanto a favor quanto contra. No tocante ao lado feio da atividade, a pessoa indicada é Ben Goldacre, o médico e escritor acadêmico e científico britânico. Ele mantém uma coluna regularmente publicada em *The Guardian* intitulada "Bad Science" [Ciência ruim] e também escreveu dois livros muito populares que são denúncias virtuais. O subtítulo do seu livro *Indústria farmacêutica ruim* diz do que trata a obra. Goldacre também tem uma palestra TED muito convincente.

Ben Goldacre, *Bad Science*. Londres: Fourth Estate, 2008; *Bad Pharma: How Drug Companies Mislead Doctors and Harm Patients*. Nova York: Faber and Faber, 2012.

As acusações de Goldacre geralmente são bem documentadas e não podem ser desconsideradas. Para mim, são o registro de uma situação trágica em que pessoas bem-intencionadas que tentam curar doenças se veem corrompidas pelas exigências descabidas dos investidores. Não sei qual é a solução. Gostaria de saber, porque é importantíssima. Não pretendo evitar essas questões, mas este capítulo é mais sobre a dinâmica do fracasso na pesquisa da indústria farmacêutica. E Goldacre parece estar fazendo um trabalho muito competente com o lado mais sórdido.

Os números que usei estão bem documentados e podem ser encontrados em numerosas análises publicadas. Eis quatro artigos que achei relativamente acessíveis e que tinham extensas bibliografias para leitura posterior:

Bernard Munos, "Lessons from 60 Years of Pharmaceutical Innovation", *Nature Reviews Drug Discovery*, v.8, p.959-68, 2009; P. Tollman; Y. Morieux; J. K. Murphy; U. Schulze, "Identifying R&D Outliers", *Nature Reviews Drug Discovery*, v.10, p.635-54, 2011; J. W. Scannell; A. Blanckley; H. Boldon; B. Arrington, "Diagnosing the Decline in Pharmaceutical R&D Efficiency", *Nature Reviews Drug Discovery*, v.11, p.191-200, 2012; e P. Honig; S.-M. Huang, "Intelligent Pharmaceuticals: Beyond the Tipping Point", *Clinical Pharmacology & Therapeutics*, v.95, n.5, p.455-9, 2014.

Capítulo 14: Uma pluralidade de fracassos

Os escritos de Berlin estão facilmente disponíveis e, que eu saiba, todos ainda são publicados. Achei que o livro de John Gray, *Isaiah Berlin* (Princeton, NJ: Princeton University Press, 1996), é um comentário e uma análise especialmente claros da obra de Berlin. Sobretudo a sua filosofia e as suas ideias históricas (em oposição às suas críticas literárias).

Os outros textos e obras que usei na preparação deste capítulo foram:

Larry Laudan, *Science and Relativism* [Ciência e relativismo]. Chicago: University of Chicago Press, 1990; Nicholas Rescher, *Pluralism: Against the Demand for Consensus* [Pluralismo: contra

216 STUART FIRESTEIN

a exigência de consenso]. Oxford: Oxford University Press, 1993; John Dupré, *The Disorder of Things: Metaphysical Foundations of the Disunity of Science* [A desordem das coisas: fundamentos metafísicos da desunião da ciência]. Boston, MA: Harvard University Press, 1995; S. H. Kellert; H. E. Longino; C. K. Waters (orgs.), *Scientific Pluralism* [Pluralismo científico]. Minneápolis: University of Minnesota Press, 2006. (Minnesota Studies in the Philosophy of Science, v.19.); Hasok Chang, *Is Water H_2O? Evidence, Realism and Pluralism* [A água é H_2O? Evidência, realismo e pluralismo]. Nova York: Springer, 2012.

Epílogo ao capítulo 14

Página 188

Wolfgang Kohler e a perspicaz solução dos problemas dos chimpanzés estão esmiuçados no seu livro *The Mentality of Apes* [A mentalidade dos antropoides]. Trad. inglês Ella Winter. Londres: Routledge, 2005. Ainda disponível em numerosas versões.

Páginas 188-189

O ensaio clássico de BF Skinner sobre o desenvolvimento de comportamentos supersticiosos no pombo. Por todo o seu cuidado de não usar os estados mentais como objetos de exame científico, Skinner usa aqui o termo "superstição" no título, em vez de "comportamento supersticioso" ou "comportamento aparentemente supersticioso". Mesmo com as aspas, parece um pouco desleixado. O ensaio também é o trabalho de um único autor, o que indicaria que ele próprio fez os experimentos. Isso é um pouco curioso, já que, nessa época, ele era o presidente do Departamento de Psicologia da Universidade de Indiana e estava prestes a assumir um cargo na Harvard. Talvez você pense que havia um laboratório repleto de alunos para fazer os experimentos. Nunca encontrei nada nos seus escritos que se referisse a esses experimentos, e eles parecem de certo modo ter sido feitos muito despreocupadamente. O ensaio em si é notavelmente deficiente nas minúcias da sua metodologia. Leia-o você mesmo:

B. F. Skinner, "'Superstition' in the Pigeon", *Journal of Experimental Psychology*, v.38, p.168-72, 1948.

Muitos terão dificuldade para obter esse artigo diretamente do *site* da revista sem os recursos de uma biblioteca universitária. Está reproduzido aqui: <http://psychclassics.yorku.ca/Skinner/Pigeon/>... e eu coloquei um arquivo PDF do original no meu *site*.

Página 191

O comportamento de lavar batata nos macacos teve uma história um tanto conturbada, sendo em uma ocasião cooptado por certos autores *"New Age"* e se expandiu para algo conhecido como "efeito do centésimo macaco". Esse trabalho foi desmascarado reiteradamente e assumiu o *status* de uma lenda urbana. Entretanto, o trabalho original de Kawamura e Masao Kawai detalha uma legítima observação científica. Há um artigo em inglês:

S. Kawamura, "The Process of Subculture Propagation among Japanese macaques", *Primates*, v.2, p.43-60, 1959.

Há pelo menos três outros ensaios em japonês, os quais, pelo que eu sei, não foram traduzidos. Esse trabalho foi amplamente revisado e ampliado por Masao Kawai e pode ser encontrado em um livro disponível *on-line* na íntegra: <http://link.springer.com/chapter/10.1007%2F978-4-431-09423-4_24>.

O livro é: Tetsuro Matsuzawa (org.), *Primate Origins of Human Cognition and Behavior* [Origem primata da cognição e do comportamento humanos]. Berlim: Springer, 2001. O capítulo relevante é de S. Hirata; K. Watanabe; M. Kawai, "Sweet Potato Washing Revisited", p.487-508.

218 STUART FIRESTEIN

Capítulo 15: Coda

Página 195

A epígrafe é uma paráfrase de um dos seus poemas que a própria Dove usou em uma palestra sobre a sua obra. Rita Dove, "The Fish in the Stone" [O peixe na pedra], de *Selected Poems*. Nova York: Pantheon Books, 1993. (Para o registro, o verso real é, "O peixe na pedra/ sabe que fracassar é/ fazer ao vivente/ um favor".)

Obras consultadas

Esta é uma lista muito parcial dos livros ou ensaios que considerei mais influentes enquanto eu pensava neste livro e o escrevia. Havia muito mais material e se a minha escolha para o livro fosse diferente ou se você tivesse me perguntado no ano passado: "Posso pensar de outra maneira". No entanto, eis algumas recomendações.

1. FEYNMAN, Richard P. *The Meaning of it All*: Thoughts of a Citizen Scientist. Nova York: Basic Books, 1998. [Ed. port.: *O significado de tudo*: reflexões de um cidadão-cientista. Lisboa: Gradiva, 2001.]

Três ensaios, geralmente incoerentes, baseados em uma série de palestras dadas por Feynman na Universidade de Washington em 1963. Foram publicados postumamente nesse livro. As palestras se intitulavam "A incerteza da ciência", "A incerteza dos valores" e "Esta era acientífica".

Feynman sempre desconsiderou os filósofos e os historiadores da ciência assim como tantos observadores de pássaros, mas ele então escrevia regularmente livros que continham os mais altos níveis de pensamento filosófico e histórico em ciência – e os tornou acessíveis ao leitor comum.

2. CHANG, Hasok. *Is Water H_2O?* Evidence, Realism and Pluralism. Nova York: Springer, 2012.

Não deixe o título enganá-lo. Esse é um livro notável sobre como sabemos que uma coisa é o que é. Começando com algo que todos certamente sabemos que é verdadeiro, Chang nos mostra que a maioria das pessoas não tem evidência direta de que a água é de fato H_2O ou qualquer ideia clara do que isso realmente significa. Chang abre uma lata de minhocas e se deleita como o modo como elas rastejam, deslizando por cada partícula de conhecimento a respeito do qual você pensava que tinha certeza e fazendo uma bagunça viscosa.

3. BERLIN, Isaiah. *The Hedgehog and the Fox*. Londres: George Weidenfeld & Nicholson Ltd., 1953. Facílimo de encontrar em numerosas edições em brochura.

4. BERLIN, Isaiah, *The Hedgehog and the Fox*: An Essay on Tolstoy's View of History. Ed. Henry Hardy, prefácio Michael Ignatieff. 2. ed. Princeton, NJ: Princeton University Press, 2013. A edição mais recente e possivelmente a melhor. [Ed. port.: *O ouriço e a raposa*: ensaio sobre a visão histórica de Tolstói. Lisboa: Guerra & Paz, 2020.]

5. COLLINS, Harry, *Are We All Scientific Experts Now?* Cambridge, RU: Polity Press, 2014.

6. COLLINS, Harry; EVANS, Robert. *Rethinking Expertise*. Chicago: University of Chicago Press, 2007. [Ed. bras.: *Repensando a expertise*. Belo Horizonte: Fabrefactum, 2010.]

Harry Collins é sociólogo da ciência na Universidade Cardiff, no Reino Unido, e um dos escritores e pensadores mais claros sobre o tema da *expertise* hoje. *Are We All Scientific Experts Now?* é um livro breve (mais breve do que este), mas é uma excelente análise dos motivos pelos quais a *expertise* científica já não goza do respeito de que gozou outrora. Não que dele devesse gozar necessariamente.

7. LIVIO, Mario, *Brilliant Blunders*: From Darwin to Einstein – Colossal Mistakes by Great Scientists that Changed our Understanding of Life and the Universe. Nova York: Simon and Schuster, 2014. [Ed. port.: *Erros geniais que mudaram o mundo*: de Darwin a Einstein. Barcarena, PT: Marcador, 2018.]

O escritor de ciência Livio usa cinco dos maiores cientistas da história e mostra como eles cometeram erros graves em algumas

220 STUART FIRESTEIN

áreas – embora geralmente não fossem as que os tornaram famosos. É uma boa lição de humildade e ajuda a ilustrar o modo como a ciência costuma funcionar e dissipar o mito do "Arco Suave da Descoberta", que indiquei que infecta o nosso currículo educacional e distorce a visão que o público tem da ciência. A propósito, trata-se de um livro divertido e muito bem embasado em pesquisas.

8. ROTHSTEIN, Dan; SANTANA, Luz. *Make Just One Change*: Teach Students to Ask their Own Questions. Cambridge, MA: Harvard Education Press, 2011.

Eu só queria ter encontrado esse livro quando estava escrevendo *Ignorância*. Rothstein e Santana elaboraram um livro direto e acessível sobre o que parece ser uma ideia simples – levar as crianças a fazer perguntas, perguntas que lhes interessem. Não se deixe enganar. Uma coisa é levar as crianças ou qualquer pessoa a fazer uma ou duas perguntas; outra é fazer que elas se apropriem das perguntas, que reconheçam que aprender é fazer perguntas, e não somente memorizar coisas. A arte de fazer perguntas, quase perdida, felizmente renasce nesse livro. E, se parece que ele é voltado exclusivamente para as crianças pequenas, eu ouvi Rothstein ministrar uma palestra brilhante no simpósio curricular da Escola de Medicina da Harvard. Mas seria uma pena esperar até que a escola de medicina inicie essa estratégia educacional.

9. SCHULZ, Kathryn. *Being Wrong*: Adventures in the Margin of Error. Nova York: HarperCollins, 2010.

Dentre todos os livros do tipo autoajuda sobre o fracasso e o erro, achei esse o mais interessante, embora realmente não tivesse lido nenhum dos outros. A sra. Schulz analisa minuciosamente o erro, desde as respostas emocionais que o acompanham até a realidade de resultados falsos. Olha para o erro desde uma perspectiva sociológica, pessoal e profissional e se baseia em muitas fontes literárias e históricas. Ela não dedica muito tempo à ciência, e talvez seja por isso que eu achei o livro envolvente.

ÍNDICE REMISSIVO

"A eficácia irracional da matemática nas ciências naturais" (Wigner), 47-8

A estrutura das revoluções científicas (Kuhn), 134

A origem das espécies (Darwin), 50

Adler, Alfred, 133, 135-6

admitir o fracasso, 58

Alemanha, 52

Alighieri, Dante, 173

anatomia, 21, 85, 86-7, 88, 89-92, 209-10

animal, comportamento, 186, 192-3

antropomorfismo, 186, 189-90, 192-3

Arco da Descoberta, 78, 81-3, 219-20

arco do fracasso, 81-95, 209-10

Aristóteles, 172-3

artigos de jornal, 9, 36, 42, 125, 149

Asimov, Isaac, 47, 107

astrolábios, 204-6

astronomia, 54-5, 74, 89-90, 109-10, 204-6

atribuições errôneas, 97, 211

Austrália, 137, 157-8

avaliação por pares, 128-9, 159-60

avanço científico, 20-1, 34, 48, 55, 76, 82, 107, 138, 149-50

Avicena (Ibn Sīnā), 54

Babilônia, 55, 204-5

Bacon, Francis, 98-100

baterias, 72-3

Baxter (robô), 178-9

Beckett, Samuel, 29-38, 203

behaviorismo, 186-7, 190-2

  radical, 187, 189-90

beisebol, 26-7

bem-sucedidas, teorias, 48-9

Berlin, Isaiah, 171-6, 180-2, 185, 215, 219

Berra, Yogi, 211

Betamax (Sony), 182

Big Pharma, 163-4, 167-8, 214-5

biofísica, 72

biologia, 8, 20-1, 24, 48, 50, 51, 65, 68, 70-1, 71-2, 74, 79, 90-1, 93-5, 104-5, 145, 147-8, 151-2, 155-6,

160, 164-6, 168-9, 174, 175, 178, 186-7, 209-10, 212
biomédico, financiamento, 150, 159
Black, *sir* James, 157-8
Bob (cão), 185-6
Bohr, Niels, 27-8
bom, fracasso, 17-8, 94-5, 111, 157, 181-2
Braben, Donald, 149-50
Brenner, Sydney, 145
Bridlegoose, juiz, 158-9
British Royal Society (RU), 183
Brooks, Rodney, 178-9
Brown, James R., 48-9, 204
Bush, Vannevar, 141-2
Byrne, David, 39, 203

caixa de Skinner, 187-90, 216-7
câncer, 119-20, 127-8, 135, 150-3, 175
Cartwright, Nancy, 185
Chang, Hasok, 8, 69-70, 103, 185, 209, 215-6, 218-9
Chaucer, Geoffrey, 204-6
Chesler, Alex, 7
chineses, 22, 36, 54-5
Churchill, Winston, 97, 203, 211
ciência, 14, 23-4
  como busca de explicações, 16-7, 104, 195
  como dependente do fracasso, 136
  como método, 173-4
  desconfiança da, 123
  desenvolvimento da, 89-91
  diurna, 107
  do fracasso, 39-45
  filosofia da, 134, 179-80, 204-6
  fracasso na, 16, 11-2, 138-9
  isenta de valor, 104
  islâmica, 52-4

laboratórios de, 12, 36, 43-4, 59-61, 80, 94-5, 105, 107, 121-7, 130-2
  moderna, 48, 53, 178, 190, 207
  natural, 47-8
  neurociência, 60-1, 103-4, 129, 178, 189-90, 206
  noturna, 107-8, 212
  ocidental, 55, 90, 94-5, 209-10
  pessoal, 175, 180-1
  pilares da, 12-4
  pluralismo na, 179-80
  protociência, 54-5, 109-10
  pseudociência, 134-5
  soviética, 52
  sucesso na, 49, 153
  verdadeira, 138-9
Ciência, a fronteira sem fim, 141-2
científica
  explicação, 48-9, 101-2
  letramento, 73-4
  observação, 90-1
científico, avanço, 20-1, 34, 48, 55, 76, 82, 107, 138, 149-50
cientista (palavra), 144
cientistas, 76-7
cientologia, 135
circulação sanguínea, 86-8
cirurgia orbital, 112-3
cisnes
  brancos, 137
  pretos, 137
clínicas, 109-15
Cohen, Leonard, 105
Collins, Harry, 123, 130-1, 219
Colombo, Renaldo, 91-2
comportamento
  animal, 186, 192-3
  supersticioso, 188-9, 216-7
computadores pessoais, 182-3

FRACASSO **223**

Conant, James B., 206-7
condicionamento, 188-9, 190-1
condições duplamente cegas, 111, 121-2
Copérnico, 20, 90, 92-3, 209-10
corporativa, memória, 126
criatividade, 12-3, 34, 35-6, 42, 97, 99-100, 105-6, 149, 156, 159, 172, 173, 180-1, 211
Crick, Francis, 81-2
crítico, pensamento, 65-6
curso de pós-graduação, 7, 9, 59-60, 78, 123-4, 125, 127-8, 157-8, 161, 176-7, 204-6

D'Alembert, Jean Le Rond, 15-6
Darwin, Charles, 25, 50-2, 71, 76, 85, 144, 148, 191-2
    A origem das espécies, 50-1
    financiamento, 144
    monismo, 185-6
dados
    preliminares, 145, 155
    resultados negativos, 117-32
Dawkins, Richard, 200-1
debacle (termo), 106
De Humani Corporis Fabrica (Vesálio), 90-1
depressão, 152-3, 168-9, 206
descoberta, 78
    arcos da, 78, 81-3, 219-20
    momentos "Ahá!", 107, 188, 191, 211
Deutsch, David, 48, 52, 101-2
Dicke, Robert, 43-4
Diderot, Denis, 15-6
DiMaggio, Joe, 26-7
dinheiro, *ver* financiamento
direitos humanos, 37-8

Discussão (seção de artigo de jornal), 23-4
dispositivos GPS, 103
diurna, ciência, 107-8
diversidade, 171-2, 181-2
DNA, 25-6
Dove, Rita, 195, 218
Doyle, Arthur Conan, 61-2, 203-4

economia, 115, 119-20, 158
    financiamento do fracasso, 141-61
    fracasso da indústria farmacêutica, 163-9
Eddington, Arthur, 135-6
Edison, Thomas, 22, 32-3, 211
educação 37-8, 63-4
    exigência da ciência, 77
    superior, 7, 9, 59-60, 78, 124, 161, 176-7
    tirania da cobertura, 68
    universitária, 77, 206-7
educação científica, 63-80, 206-7
    argumento para, 78-80
    história da, 90-1
    tirania da cobertura, 68
educação matemática, 8, 37-8, 47-8, 71-2, 74, 94-5, 160-1, 173-5, 204
efeito
    $1 + 1 = 1$, 165
    do centésimo macaco, 217-8
    maria vai com as outras, 36
    placebo, 110-1
Einstein, Albert, 19-20, 21, 22, 51, 55, 82, 94-5, 102-3, 135-6, 174-5
    física de Newton-Einstein, 82-3
    teoria da relatividade, 71, 102-3, 135-6
eletroencefalografia, 72
embriologia, 20-1

Encyclopédie, ou Dictionnaire raisonné des sciences, des arts et des métier (Enciclopédia, ou Dicionário razoado das ciências, das artes e dos ofícios), 15-6, 201
ensaios clínicos, 118-20, 123
  com resultados negativos, 118-20
  ensaios de medicamento, 168-9
  fracassados, 118-20
ensino superior, 7, 9, 59-60, 78, 124, 161, 176-7
entomologia, 179
entropia, 39-41, 74, 146-7, 166-7
envolvimento do aluno, 63-4, 75-6
epigenética, 148
equação de Nernst, 72-3
equações, 19, 67, 71-3
Erasístrato, 86-9, 92-3
erros, 220
  admitir, 58
  Tipo I, 121-3
  Tipo II, 121-2, 123-6
escala
  Celsius, 70-1
  Fahrenheit, 70-1
esclerose
  lateral amiotrófica (ELA), 72-3
  múltipla (EM), 72-3
Espanha, 53
Esperando Godot (Beckett), 29-30, 203
Estados Unidos, 76, 141, 142, 147-8, 151, 152, 154, 157-8, 159, 163-4, 186-7, 195, 198, 200, 213-4
estudantes, 76-7
ética, 59-60, 101, 115, 173, 181
etologia, 186-92
euclidiana, 55
Euler, Leonhard, 64
evolução, 24-6, 50-1, 76, 137-8

exatidão, 64-5, 94, 122-3, 128-9
exoplanetas, 58
expertise, 173, 175-7, 197-8, 219
experts, 196-7, 219
explicações, 24-5, 50, 65, 103-4, 134-5, 173-4, 174-5, 180, 183-4
  busca de, 15-6, 104-5, 184, 195
  científicas, 48-9, 78-9, 101-3, 192-3

Fabrica (De Humani Corporis Fabrica) (Vesálio), 90-1
fabuloso, 29, 71, 83-4
falibilidade, 137
Falópio, 91-2
falsas suposições, 87-8
falsificabilidade, 133, 137-8
falsos resultados
  negativos, 121-2
  positivos, 121-2
Fara, Patricia, 53-4
Faraday, Michael, 48-9, 79, 82
farmacologia, 34, 120, 129-30
  efeito 1 + 1 = 1, 165
  fracasso na, 163-9
fato(s), 12, 66-7
feedback, 41-2, 50, 166
Fermi, Enrico, 23-4
Ferriss, Timothy, 29
Feyerabend, Paul, 185
Feynman, Richard, 57, 74, 120, 123-5, 197, 218
filogenia, 20-1
filosofia
  da ciência, 134, 179-80, 204
  do fracasso, 133-9
financiamento, 141-61, 213-4
  biomédico, 159
  de pesquisa de câncer, 150-1
  Estado, 153-4
  solicitação de, 149-52

FRACASSO **225**

subsídios, bolsas, 145-6, 150-2, 154-61, 177, 189-90, 213-4
financiamento de pesquisa, 160-1
   processo de avaliação, 154-8, 159-60, 177
   propostas de subsídio, 158-9, 213-4
   requisitos para, 149
   solicitação de subsídio, 159-61
   subsídios da NSF, 189-90
   subsídios dos NIH, 145-6, 150-1, 152-7, 189-90
Fischer, R. A., 76, 154
física, 201-2
   arco da descoberta na, 82
   biofísica, 72-3
   quântica, 82-3
   Newton-Einstein, 82-3
   subatômica, 82-3
física de Newton-Einstein, 82-3
fisiologia, 72, 86-7, 88, 89-90, 92, 93, 129-30, 186, 209-10
Food and Drug Administration (FDA), 110, 120
fracasso
   a base científica do, 39-45
   a ciência como dependente do, 136
   a serendipidade do, 42-4, 149, 203-4
   administração do, 60
   admissão, 58
   arco do, 81-95
   atribuições incorretas, 97-8, 211
   bom, 17-8, 94-5, 111, 157, 181-2
   certo, 58
   como aspecto da memória corporativa, 126
   como fim em si, 18-9
   como marca registrada da verdadeira ciência, 138-9
   como oportunidade, 61
   como parte do sucesso, 22-8, 138-9
   conselho de Samuel Beckett, 29-38
   continuum, 16
   definição de, 15-28
   de Stein, 15-8
   em ensaios clínicos, 118-20
   feedback, 41-2
   filósofo do, 133-9
   financiamento, 141-61
   história do, 84
   indústria farmacêutica, 163-9
   integridade do, 57-62
   irrepreensíveis, 113
   medição do, 111-2
   melhor, 32, 33, 37
   na biologia, 21
   na ciência, 23-4
   na clínica, 109-15
   na medicina, 111-2
   na pesquisa de câncer, 151-2
   no ensino, 63-80
   o Método Científico do, 97-108
   o sucesso do, 17-8, 47-55
   o valor do, 60
   papel do, 16
   pluralidade dos fracassos, 171-93
   que não precisa de desculpa, 15-21
   real, 15
   reuniões para discutir, 113-5
   um teste de dedicação, 61-2
   verdadeiro, 111-2
fracassos de Stein, 15-8
Franklin, Benjamin, 11, 200
frenologia, 79, 103-4
Freud, Sigmund, 135-6
Fundação Nacional da Ciência (National Science Foudation – NSF), 146, 149, 150-1, 189-90

226 STUART FIRESTEIN

Galeno, 85-94, 209-10
Galileu Galilei, 47-8, 51, 53, 64, 82, 86-7, 89-90, 92, 93, 142-3, 209-10
genética, 107, 144-5, 147-8, 151-2, 175-7, 178, 192-3
Gide, André, 196-7
Gillies, Donald, 157-8, 213-4
Gillespie, Charles Coulson, 209-10
Gingrich, Newt, 214
Gödel, Kurt, 174
Goldacre, Ben, 119-20, 214-5
Google, 124-6, 182-3, 199, 201-2
GPS (dispositivo), 103
grande indústria farmacêutica, *ver* Big Pharma
gravadores de videocassete, 182
Graves, Nicholas, 158, 213-4
gravidade, 19-20, 81-2, 103, 135-8, 201-2
Grécia Antiga, 86-7
guerra ao câncer, 119-20, 127-8, 135, 151-3

Haeckel, Ernst, 20-1, 202
Harvey, William, 85, 87-8, 91-4, 209-10
Haugeland, John, 61-2
Hawking, Stephen, 71
Heisenberg, Werner, 174
Heller, Joseph, 141, 213
hipóteses, 23-4, 78, 97-9, 104, 118-9, 136-7, 149, 176
história, 52-3, 84-5
    da ciência, 83-4, 89-90
    da educação científica, 90-2
Hitler, Adolf, 52
Hodgkin, Alan, 60-1
Holmes, Sherlock, 42, 61-2, 203-4
Huxley, T. H., 61-2
Huygens, Christiaan, 64

Ibn Sīnā (Abū ʿAlī al-Ḥusayn ibn Abd Allāh ibn Al-Hasan ibn Ali ibn Sīnā) (Avicena), 54
Idade das Trevas (*Dark Ages*), 52-3, 89-90
Idade do Bronze, 48
Idade Média, 54-5, 84, 88, 90
ignorância, 12
Iluminismo, 15-6, 201
imagem de ressonância magnética, funcional (IRMf), 103-4
Imanishi, Kinji, 191
Império Romano, 85, 86-7
incompletude, 174
indústria farmacêutica, 163-4, 167-8, 214-5
influenza, 135
inovação, 156
Institutos Nacionais de Saúde (National Institutes of Health – NIH), 7, 142, 149
    orçamento, 213-4
    subsídios dos, 145-6, 150-1, 152-3, 154-7, 189-90
integridade, 57-62
International Pendulum Project (IPP), 65-6
Ionnaidis, John, 128
irrepreensível, fracasso, 113
islâmica, ciência, 52-4

Jacob, François, 107, 212
Jobs, Steve, 135, 182-3
Joyce, James, 68-9, 172-3
juventude, 76
JVC, 182

Kariênina, Anna, 40-1
Kawai, Masao, 191-2, 217-8

FRACASSO **227**

Kawamura, Shunzo, 191, 217-8
Kellert, Stephen, 185, 215-6
Kelvin, Lorde, 72, 82
Kepler, Johannes, 52-3, 64, 82
Kohler, Wolfgang, 188, 211, 216
Kuhn, Thomas, 37-8, 102-3, 134, 138, 146, 185

laboratórios, 175
    Bell, 43-4, 147
    de ciência, 130-1
    de pesquisa acadêmica, 127, 131-2
    reuniões de, 60
Lamarck, Jean-Baptiste, 147-8
laser, 147, 149-50
    TEA, 130-1
Lavoisier, Antoine, 79
Leibniz, Gottfried Wilhelm, 64, 65
Lei de Boyle, 83
letramento científico, 73-4
Lewycka, Marina, 29
Lincoln, Abraham, 97, 211
Linux, 182-3
Livio, Mario, 219-20
livros didáticos, 68-9, 75, 78, 89, 94-5, 100, 113
Loewi, Otto, 129-30
Longino, Helen, 185, 215-6
Lorenz, Konrad, 186, 212
Lyne, Andrew, 58
Lysenko, Trofim, 147-8

M&M (Morbidade e Mortalidade), 113-4
Macbeth (Shakespeare), 92-3
magnetismo animal, 200
mal de Alzheimer, 36-7, 163
matemática, 8, 37-8, 47-8, 71-2, 74, 94-5, 160-1, 173-5, 204
Maxwell, James Clerk, 82

Mayr, Ernst, 65, 206-7
Mead, Margaret, 76-7, 209
mecânica celeste, 137-8
Medawar, *sir* Peter, 13-4, 200-1, 212
média de rebatidas, 26-7
medicamentos de venda liberada, 163-4
medição de fracasso, 111-2
medicina, 112-5
    fracasso na indústria farmacêutica, 163-9
    fracasso na, 111-2
    pesquisa de medicamento, 110-1, 118-20, 127-8
melhor, fracasso, 32, 33, 37
memória corporativa, 126
memorização, 12, 37, 220
Mendel, Gregor, 50-1, 144-5, 147-8
mentores, 61
Merck, 163-4
Mercúrio, 137-8
Método Científico, 78-9, 117-8, 131, 137, 196, 203-4
    de fracasso, 97-108
    passos, 98
Métodos (seção de artigo de jornal), 130-1
Métodos e Resultados (seção de artigo de jornal), 23-4
Metraux, Rhoda, 76-7, 209
Michener, James, 23
Microsoft, 182-3
modelos, 19-20, 25-6, 53, 54-5, 66, 70, 71, 75, 78, 87-8, 102-3, 137-8, 142, 143, 159-60, 183-4, 189
    científicos, 98
moderna, ciência, 48, 53, 178, 190, 207
Moffett, Mark, 179
momentos "Ahá!", 107, 188, 191, 211

228 STUART FIRESTEIN

monismo, 180
    científico, 176-7, 184, 190, 193
    estudo de caso, 178, 185-93
Montaigne, Michel de, 172-3
moralidade, 101, 115, 171
Morbidade e Mortalidade (M&M), 113-4
motores de busca, 124-5

National Aeronautics and Space Administration (Nasa), 112-3, 178-9
Nature (revista), 127
naturais, ciências, 47-8
NegaDados.org, 126
Nernst, Walter, 72-3
Netuno, 137-8
neurociência, 60-1, 103-4, 129, 178, 189-90, 206
New York Times, 29-30, 171, 212, 214
Newton, Isaac, 19-20, 21, 47-8, 51-3, 64, 65, 71, 81-2, 82-3, 92, 93, 94-5, 102-3, 135, 137-8, 208, 209-10
Nietzsche, Friedrich, 172-3
Norte da África, 52-3
Norvig, Peter, 126
notícias falsas, 67, 134-5
noturna, ciência, 107-8, 212
Novello, Don, 67

O mágico de Oz, 67
objetividade, 12, 209-10
observação científica, 90-1
ocidental, ciência, 55, 90, 94-5, 209-10
ontogenia, 20-1
opinião pública, 76-7, 122-5
Orsin (cão), 185-6
Osler, *sir* William, 109
"O ouriço e a raposa" (Berlin), 172-3, 219

oxigênio, 171
Oz, 67

paciência, 44-5, 78, 145, 155-6, 167, 178, 197
Pacífico Sul (Rodgers; Hammerstein), 23, 133
Pascal, Blaise, 172-3
Pasteur, Louis, 44
Pauli, Wolfgang, 81
pêndulos, 63-6, 207-8
    de Foucault, 64-5
pensamento
    crítico, 65-6
    diurno, 107
    noturno, 107
    ThD, Doutor em Pensologia, 67
Penzias, Arno, 43-4
"perder tempo por aí", 97
pesquisa
    acadêmica, 127
    arcos da descoberta, 78, 81-3, 219-20
    básica, 148-9
    condições duplamente cegas, 111, 121-2
    diretrizes da FDA, 110
    ensaios clínicos, 118-20
    ensaios de medicamento, 168-9
    financiamento, 141-61, 177-8, 189-90, 213-4
    momentos "Ahá!", 107, 188, 191, 211
    motivada pela curiosidade, 149-50
    "perder tempo por aí", 97
    pesquisa do câncer, 150-1
    resultados negativos, 118-20
    transformativa, 146
pesquisa científica
    de câncer, 150-3

FRACASSO **229**

financiamento da, 141-61, 177-8, 189-90, 213-4

valor da, 60, 81-2, 171-4, 177-8, 180-2

ver também pesquisa

pesquisa de medicamento, 110-1, 118-20, 127-8

diretrizes da FDA, 110, 120

efeito 1 + 1 = 1, 165

ensaios de medicamento, 168-9

fracasso da indústria farmacêutica, 163-9

medicamentos de venda liberada, 163-4

pesquisa movida pela curiosidade, 149-50

pesquisa transformativa, 146

pessoal, ciência, 175, 180-1

pessoais, computadores, 182-3

Pierce, Charles Sanders, 177-8

placebo, efeito, 110-1

Planck, Max, 38

Platão, 172-3

pluralismo, 171-3, 176-85, 193, 211, 215-6

valor, 171-3, 178, 180, 182

pneuma, 86-9, 92-3

pneumática, teoria, 85-8

Poe, Edgar Allan, 203-4

Popper, Karl, 133-9, 200-1, 213

prêmio Nobel, 34, 42, 43-4, 130, 145, 147, 149-50, 157-8, 174, 177, 186, 200-1, 212

pressão

arterial, 93-4

sanguínea, 94

Price, Huw, 201-2

Price, Derek J. de Solla, 55, 83, 89-90, 204-6

Priestly, Joseph, 171

primeira lei da farmacologia, 120

problemas

encontrar, 59

processo

científico, 128-9

mental (sonho), 107, 129-30

progresso, 48, 76-7, 82, 89, 95, 131-2, 142, 144, 145-6, 177, 196-7, 200-1, 209, 213

Projeto Genoma Humano, 155-6

proposta

de subsídio, 158-9, 213-4

"Alto Risco/Alto Impacto", 146

proteína Aβ, 36-7

protociência, 54-5, 109-10

pseudociência, 134-5

psicanálise, 135-6

psicologia, 8, 105-6, 160, 176-7, 186-7, 189-90, 216-7

publicação, 119-20, 125-6

artigos de jornal, 9, 23-4, 36, 42, 125, 130-1, 149

avaliação por pares, 128-9, 159-60

de resultados negativos, 117-32

pulso (medir o), 93-4

quântica, física, 82-3

questões, 220

química, 16, 59-60, 68, 74-5, 81-2, 94-5, 129, 160, 164-5

radiação cósmica de fundo em micro-ondas (RCFM), 43-4

relatividade, 71, 81-2, 102-3, 135-6

Renascimento, 54-5, 89-90

replicação de resultados, 121-32

responsabilidade, 113

resultados

Métodos e Resultados (seção de artigo de jornal), 23-4

230 STUART FIRESTEIN

negativos, 117-32
negativos falsos, 121-2
positivos falsos, 121-2
replicação de, 121-32
resultados negativos, 117-32
  admissão de erros, 58
  erros do Tipo I, 121-3
  erros do Tipo II, 121-2, 123-6
  publicação, 123-6
  tipos de, 121
reuniões
  de laboratório, 60
  de M&M de hospital, 113-4
robótica, 178-9
Roma Antiga, 52
Roosevelt, Franklin, 141
Rothstein, Dan, 220
Rússia, 203

sangue, 70-1, 85-8, 91-4, 130, 209-10
Santana, Luz, 220
Sarducci, Guido, 67
Saturday Review (revista), 13-4, 200-1
Schleffer, Israel, 185
Science, 55, 76, 127, 209
Segunda Guerra Mundial, 17-8, 141
segunda lei da termodinâmica, 39-45, 166-7
serendipidade, 42-4, 149, 203-4
Shakespeare, William, 68-9, 172-3
simplicidade, 50-1, 174
Singer, Charles, 89-90, 209-10
Skinner, Burrhus Frederick (BF), 187-91, 216-7
Skinner, caixa de, 187-90, 216-7
skinnerismo, 189
Slate (revista), 12, 29
Sober, Elliot, 185
Sobre a revolução das esferas celestes (Copérnico), 90

Sociedade Astronômica Americana, 58
solicitação de subsídio, 159-61
Sony, 182
soviética, ciência, 52
Stein, Gertrude, 15, 16-8, 201
subatômica, física, 82-3
subsídios, 154-61, 213-4
  da NSF, 189-90
  de pesquisa de câncer, 150-1
  dos NIH, 145-6, 150-1, 152-7, 189-90
  processo de avaliação, 154-8, 159-60, 177
  requisitos para, 149
sucesso
  celebrador, 61-2
  do fracasso, 17-8, 47-55
  na ciência, 48-9, 138-9
  o fracasso como parte do, 22-8, 138-9
suficiência, 49
supersticioso, comportamento, 188-9, 216-7
suposições
  erradas, 65
  falsas, 87-8
Switzer, J. E., 55

taxas
  de fracasso, 24
  de sucesso, 127
TEA (laser), 130-1
tecnologia, 31, 32-3, 48-9, 50-1, 104-5, 109, 122-3, 134-5, 141, 152-3, 156, 165-6, 175-6, 182, 186-7
teleologia, 90-1, 92, 192-3
temperatura, 69-71, 98-9, 209
teoria
  bem-sucedida, 48-9
  calórica, 79, 82

do Big Bang, 43-4
do éter, 79, 82
modelo como, 98
Teplow, David, 36
terceirização, 125
termodinâmica, 39-41, 69, 82, 166-7
terra nova, cães, 185-6
ThD, Doutor em Pensologia, 67
The Eagle (*pub*), 81-2
The Guardian, 149-50, 171, 214
Tinbergen, Niko, 186
Tipo I, erros de, 121-3
Tipo II, erros de, 121-2, 123-4, 125-6
Tolstói, Leon, 40-1, 172-3, 219
Townes, Charles, 147
Trivers, Robert, 76
Turing, Alan, 117, 212

União Soviética, 37-8, 52, 147-8
Universidade de Cinco Minutos, 67
Universidade de Pádua, 90, 92

valor, 7-8, 11-2, 15-6, 21, 34-5, 60, 106, 141-2, 147, 148
ciência isenta de, 104
pluralismo de 171-3, 178, 180, 182

verdade, 12, 49, 196-7
Verdade, 173-4, 196-7
verdadeiro fracasso, 111-2
Vesálio, André, 89-92, 209-10
Video Home System (VHS), 182
viés de gênero, 76
Vioxx, 120
vitalismo, 79, 93-4, 183-4
Voltaire, 203-4, 211

Walpole, Horace, 42-3, 203-4
Watson, James, 81-2
Watson, John B., 186-7
Whewell, William, 144
Wigner, Eugene, 47-8, 204
Wilcek, Frank, 174
Williams, Robin, 57-8, 206
Williams, Ted, 26-7
Wilson, Robert, 43-4
Wired (revista), 11-2
Wyatt, Tristram, 44

xamãs, 110

Yatrakis, Kathryn, 63

SOBRE O LIVRO

Formato: 13,7 x 21 cm
Mancha: 23,7 x 40,3 paicas
Tipologia: Horley Old Style 11/15
Papel: Off-white 80 g/m² (miolo)
Cartão Supremo 250 g/m² (capa)

1ª edição Editora Unesp: 2023

EQUIPE DE REALIZAÇÃO

Edição de texto
Tulio Kawata (Copidesque)
Marcelo Porto (Revisão)

Capa
Marcelo Girard

Imagem de capa
iStock / Roman_Gorielov

Editoração eletrônica
Sergio Gzeschnik

Assistência editorial
Alberto Bononi
Gabriel Joppert

A.R. Fernandez